JN117878

ペットのトラブル相談 第2版 Q&A

基礎知識から
具体的解決策まで

渋谷寛
佐藤光子
杉村亜紀子
［著］

民事法研究会

はしがき

初版が上程されてから６年半の月日が流れました。この間、猫の飼育頭数が、犬の飼育頭数を上回るなど、ペットにまつわる事情も変化してきました。ペットに対する社会の関心はより高まり、飼い主の愛情はより深まったと感じています。

令和元年６月、動物愛護管理法が改正され公布されました。この改正法は、一部を除き、令和２年６月より順次施行されます。この改正では、いわゆる幼齢動物の８週（56日）齢規制の実現、動物殺傷罪の罰則の強化（最高懲役５年・罰金500万円に引上げ）、マイクロチップの装着の義務化などが規定されました。また、平成29年には、一般生活の基本法である民法も120年ぶりに大改正されました（施行は令和２年４月）。これらの改正に伴い、初版の内容を変更する必要が生じました。そこで、最新の内容を解説したものとするために、第２版を発刊することにしました。読者の便宜に資するよう、巻末に資料として、令和元年改正後の動物愛護管理法を掲載しました。

この第２版が世に広まることで、ペットにまつわる新種の法律問題も速やかに解決され、また、ペットに関するトラブルが起きなくなることを切望します。

第２版の発行に際し、迅速な執筆に対応していただいた両弁護士、編集にご尽力いただいた民事法研究会の大槻剛裕氏に感謝申し上げます。

令和２年２月

執筆者を代表して　渋谷　寛

『ペットのトラブル相談 Q&A〔第２版〕』
目　次

第1章　ペットをめぐる法律

第2章　ペットをめぐる取引のトラブル

第3章 近隣をめぐるトラブル

第4章 ペットの医療をめぐるトラブル

第5章　ペット事故をめぐるトラブル

第6章 その他のトラブル

第7章　トラブルにあったときの対処法

資　料

《凡例》

[法令等]

動物愛護管理法	動物の愛護及び管理に関する法律 （条文は令和元年法律第39号反映後）
改正法	動物の愛護及び管理に関する法律等の一部を改正する法律 （令和元年法律第39号）
施行規則	動物の愛護及び管理に関する法律施行規則 （条文は令和２年環境省令６号反映後）
区分所有法	建物の区分所有等に関する法律
個人情報保護法	個人情報の保護に関する法律
特定商取引法	特定商取引に関する法律
廃棄物処理法	廃棄物の処理及び清掃に関する法律
PL 法	製造物責任法
民法	平成29年改正後の民法
東京都ペット条例	東京都動物の保護及び管理に関する条例

[判例集等]

民集	最高裁判所民事判例集
裁判所 HP	裁判所ウェブサイト
判時	判例時報
判タ	判例タイムズ
交民集	交通事故民事裁判例集
ウエストロー	Westlaw Japan
TKC	TKC ローライブラリー

第1章

ペットをめぐる法律

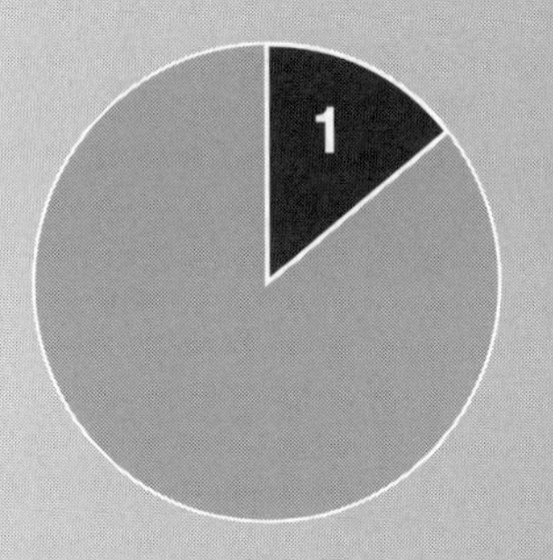

Q1　ペットは法律上どのように扱われているか

　ペットは、法律的には「物」と同じ取扱いがなされると聞いていますが、本当ですか。家族同然の可愛いペットが物扱いされるとはおかしくありませんか。

▶▶▶ Point

① 動物は、法律上、物と全く同じように取り扱われるのでしょうか

② ペットが死傷したときに慰謝料を請求できないのでしょうか

1　法律上は「動産」すなわち「物」と同じように扱われる

　私たちの一般的な生活に関するルールとなる法律すなわち民法は、契約を締結したり、財産を保有することができる者（権利の主体）を、人（自然人）と株式会社などの法人に限っています（民法第1編（総則）第1章・第2章）。民法は、人を中心として考えており、したがって現段階では、動物には権利の主体性を認めていません。ですから、ペットの名前で契約をしたり、銀行の通帳をつくって財産を蓄えたり、訴訟を起こすことは、法的にはできないことになります。

　動物を原告として起こした訴訟が話題になったことがありますが、裁判所は動物を原告として認めないという判断をしました（鹿児島地裁平成13年1月22日判決・判例集未登載〔奄美の黒ウサギ裁判〕）。

　動物に権利の主体性が認められない理由は、知能の高い動物といえども、難しい財産の処分や契約の締結を動物自身ではすることができないこと、（どこまでの範囲の動物に権利主体性を認めるのか、犬猫のほかに鳥なども含めるのかという問題もありますが）数が多すぎて管理しきれないことなどの理由が考えられます。

民法は、動物を権利の対象（客体）としてしか扱っていません。民法では、権利の対象としての物を、不動産と動産に分けています（民法85条・86条２項）。この分類に従うと、ペットなどの動物も、「物」の一種である「動産」に分類されてしまいます。家の中に置いてあるテレビなどと同じ扱いです。

刑法上も、ペットを殺傷したとしても殺人罪（刑法199条）や傷害罪（同法204条）には該当せず、飼い主の所有物を壊したとする器物損壊罪（同法261条）が成立するだけであり、「物」と同様に扱われます（ただし、動物愛護管理法上の罰則があります。Q７参照）。

ペット自身に権利主体性を認めることが難しいことから、ペットを法人化して、法人の代表者に飼い主を指定し、飼い主が具体的な処分行為などを行うという方法も考えられています（フランスの法学者の提言）。また、動物に制限的な権利能力を与えようという意見もあります。しかし、これらの理論は、まだ十分には議論されていません。

2　飼い主の精神的苦痛に対する慰謝料の賠償は認められる

このように、人間と動物では法律上の扱いは全く異なり、ペットは物と同様に扱われます。

しかし、裁判例上、ペットは「物」の中でも命のある「物」として認められ、特に愛情をもって飼われているペットの死傷に対しては飼い主の慰謝料の面で特別な考慮がなされています。

これまでの裁判例では、物に対する損害の場合の慰謝料は、その物の時価相当額が賠償されれば、精神的苦痛も慰謝されたものとして、それ以外の慰謝料は支払わなくてよいことになっています。しかし、愛情をもってペットに接してきた飼い主が、そのペットの死傷に際して精神的苦痛を被った場合には、その精神的苦痛に対して、少なくとも昭和36年の判例（東京地裁昭和

36年2月1日判決・判時248号15頁）以降、慰謝料が支払われることが慣行になっています。当初その額は数万円と少ないものでしたが、最近ではペットブームの影響もあり、獣医療過誤訴訟の判決では、1頭のペットの死亡に関して、飼い主に対する慰謝料として、50万円（原告1名）、60万円（原告2名）、105万円（原告3名）の支払いを認めたものがあります（コラム⑬参照）。

このように、ペットは、物の中でも特殊な存在として、あらためて注目されています。

3　動物を虐待すると、物を壊したときよりも重く罰せられることがある

通常、物を壊すと、器物損壊罪となり、懲役3年以下または罰金30万円以下の刑に処せられます（刑法261条）。これに対し、愛護動物（Q7参照）を殺傷すると、懲役5年以下または500万円以下の罰金に処せられます（動物愛護管理法44条1項）。

令和元年の動物愛護管理法の改正により、より厳罰化が図られ、動物虐待罪のほうがはるかに重く罰せられます。この意味では、ペットは、法律上、単なる物より手厚く保護されているといえるかもしれません。

4　ドイツでは憲法に動物に関する規定がある

ちなみに、ドイツの民法では、「動物は物ではない」と規定されています（ドイツ民法90条a1文）。ドイツの基本法（憲法に相当するもの）では、もともと国家に対し、立法などを通じて自然生活基盤を保護するように義務が課されていましたが、2002年の改正により、動物をも保護するように義務内容が追加されています（基本法20条a）。

わが国では、まだこのレベルには達していませんが、徐々に、ペットの法律上の地位は向上しつつあります。最近の、動物愛護管理法（Q3以下参照）の度重なる改正も、これを後押ししています。

Q2 ペットに関する法規としてはどのようなものがあるか

ペットに関する法律として、動物愛護管理法というものがあることは知っていますが、そのほかにも法律や規制があるのでしょうか。

▶▶▶ Point

① **ペットに関しては、バイブルに匹敵する動物愛護管理法があります**

② **法律のほかにも、省令や条例などがあります**

1　動物の愛護及び管理に関する法律

わが国において、ペットに関する基本法と呼べるものは、動物愛護管理法でしょう。この法律は、捕鯨が盛んだった時代、「動物に関する配慮が法律上表われていない」と外国の動物愛護団体などから疑問を投げかけられ、それを契機に昭和48年に制定された法律です。制定当初は、わずか13条からなるのみで、罰則の内容も簡素であり、主に努力目標を規定した法律でした。

その後、平成11年、平成17年、平成24年そして令和元年の大きな改正を経て、現在は条数も増え、内容のある動物愛護管理法に発展しています（Q３・資料参照）。

2　その他の法律と条約

動物愛護管理法以外に、動物の占有者の責任を定めたものとして民法718条（Q20参照）、狂犬病予防について定めた狂犬病予防法（Q13参照）、鳥獣の保護及び狩猟の適正化に関する法律、絶滅のおそれのある野生動植物の種の国際取引に関する条約（ワシントン条約）、ペットフード安全法（Q15参照）、各都道府県でペットに関して定められたいわゆるペット条例（東京都ペット条例等、Q16以下参照)、などがあります。

3　行政法規

⑴　環境大臣が示した基本指針

国会で制定された法律のほかに、行政機関が制定した指針や基準などもあります。

平成17年の動物愛護管理法の改正を受けて、平成18年10月に「動物の愛護及び管理に関する施策を総合的に推進するための基本的な指針」(基本指針)が公表されました(平成25年改正。Q14参照)。この指針には、動物の愛護と動物の管理に関する基本的な考え方、今後の施策展開などについて、具体的な指針が示されています。

⑵　家庭動物等の飼養及び保管に関する基準

また、家庭動物等の飼養及び保管に関する基準(平成14年5月28日環境省告示37号、令和2年2月28日最終改正)があります。

この基準には、具体的な飼い主の義務など、ペットの飼い主にとって参考となることが示されています。

⑶　その他の行政法規

そのほかに、環境省および総理府(当時)が基準を示しています。

環境省からは、以下のものが示されています。

①　動物が自己の所有に係るものであることを明らかにするための措置(平成18年1月20日環境省告示23号、令和2年2月28日最終改正)

②　特定動物の飼養又は保管の方法の細目(平成18年1月20日環境省告示22号)

③　特定飼養施設の構造及び規模に関する基準の細目(平成18年1月20日環境省告示21号)

④　犬及び猫の引取り並びに負傷動物の収容に関する措置(平成18年1月20日環境省告示26号、令和2年2月28日最終改正)

⑤　実験動物の飼養及び保管並びに苦痛の軽減に関する基準（平成18年４月28日環境省告示88号、平成25年８月30日最終改正）

⑥　第一種動物取扱業者が遵守すべき動物の管理の方法等の細目（平成18年１月20日環境省告示20号、令和２年２月28日最終改正）

⑦　第二種動物取扱業者が遵守すべき動物の管理の方法等の細目（平成25年４月25日環境省告示47号、令和２年２月28日最終改正）

⑧　展示動物の飼養及び保管に関する基準（平成16年環境省告示33号、令和２年２月28日最終改正）

総理府からは、以下のものが示されています。

①　動物の処分方法に関する指針（平成７年７月４日総理府告示40号、平成19年11月12日環境省告示105号改正）

②　産業動物の飼養及び保管に関する基準（昭和62年10月９日総理府告示22号）。

これらの詳細な規定は、環境省等のホームページで調べることができます。

Q3　動物愛護管理法はどのようなことを定めているか

令和元年に改正された動物愛護管理法には、どのようなことが規定されているのでしょうか。国・地方公共団体や動物取扱業者が行うべきことにはどのようなものがありますか。

▶▶▶ Point

①　動物愛護管理法は、ペットに対する接し方や扱い方について規定しています

②　動物愛護管理法は改正を経て充実した内容をもつに至りました

1　動物愛護管理法の制定・経緯

動物愛護管理法は、正式には「動物の愛護及び管理に関する法律」といいます。

この法律は、昭和48年に制定された当初は、わずか13条の規定しかなく、罰則の内容も簡素で、主に努力目標が掲げられただけの法律でした。名称も今とは異なり「動物の保護及び管理に関する法律」とされていました。

その後、平成11年に改正があり、罰則規定などを充実させて31条とされ、名称も「動物の愛護及び管理に関する法律」に変わりました。

平成17年にも改正され、50条からなる法典に生まれ変わり、同時に動物取扱業者の登録制度の導入、罰則の再強化などが行われ、内容が充実しました。

平成24年の改正により実質65条に増え、犬・猫を取り扱う業者に対する規制の強化、多頭飼育に対する規制の強化、罰則強化などが行われました。

さらに、令和元年の改正により実質99条の立派な法典になりました。今回の改正で、幼齢動物の販売に関するいわゆる８週齢規制が実効化され、マイクロチップ装着に関する規定が新設され、愛護動物の殺傷罪の上限が懲役５年になりました。

2　動物愛護管理法の目的・基本原則

この法律の目的は、生命のある動物に対する愛護の精神の育成と、動物に対する適切な管理であるといえるでしょう。すなわち、動物愛護管理法１条（目的）では、次のように定められています。

> この法律は、動物の虐待及び遺棄の防止、動物の適正な取扱いその他動物の健康及び安全の保持等の動物の愛護に関する事項を定めて国民の間に動物を愛護する気風を招来し、生命尊重、友愛及び平和の情操の涵(かん)養に資するとともに、動物の管理に関する事項を定めて動物による人の生命、身体及び財産に対する侵害並びに生活環境の保全上の支障を防止し、もつて人と動物の共生する社会の実現を図ることを目的とする。

平成24年の改正で、動物愛護管理法の目的に、動物の遺棄の防止、動物の健康および安全の保持などが追加されました。

この法律の基本原則として、２条（基本原則）では、これまで、動物虐待の防止と、人との共生の実現が掲げられてきました。平成24年の改正では、この２条に第２項を設け、飼養または保管を行うための環境の確保なども基本原則に加え、次のように規定しています。

> １　動物が命あるものであることにかんがみ、何人も、動物をみだりに殺し、傷つけ、又は苦しめることのないようにするのみでなく、人と動物の共生に配慮しつつ、その習性を考慮して適正に取り扱うようにしなければならない。
> ２　何人も、動物を取り扱う場合には、その飼養又は保管の目的の達成に支障を及ぼさない範囲で、適切な給餌及び給水、必要な健康の管理並びにその動物の種類、習性等を考慮した飼養又は保管を行うための環境の確保を

行わなければならない。

3 国などの普及啓発活動

動物愛護管理法３条では、「国及び地方公共団体は、動物の愛護と適正な飼養に関し、前条の趣旨にのつとり、相互に連携を図りつつ、学校、地域、家庭等における教育活動、広報活動等を通じて普及啓発を図るように努めなければならない」として、国や地方公共団体の責務を定めています。同法が適用される場所的な範囲は、学校、地域にとどまらず家庭まで広げられています。

4 動物愛護週間

動物愛護管理法４条では、１項で「ひろく国民の間に命あるものである動物の愛護と適正な飼養についての関心と理解を深めるようにするため、動物愛護週間を設ける」とし、２項で、具体的に、「動物愛護週間は、９月20日から同月26日までとする」と定めています。

5 環境大臣は基本指針を定めること

動物愛護管理法５条では、「環境大臣は、動物の愛護及び管理に関する施策を総合的に推進するための基本的な指針……を定めなければならない」と定めています（基本指針についてはQ14参照）。

6 動物取扱業者への規制

動物愛護管理法10条以下では、（第一種）動物取扱業者への規制として、登録制を規定しています。同法に規定されている厳しい要件を満たさないと登録が認められません。登録に必要な基準を満たさなくなった場合には、登録が取り消されることもあります（同法19条）。また、動物取扱業者の事業所には、動物取扱責任者をおかなくてはなりません（同法22条）。動物取扱責任者とは、（第一種）動物取扱業者の各営業所に、当該事業を適正に実施するためにおかれる、業務に必要な知識・能力に関する研修を受けた人のことです。

7　周辺の生活環境の保全に係る措置

都道府県知事は、多頭飼育などによる生活環境の悪化について、その事態を除去するために必要な措置をとるように勧告・命令することができます（動物愛護管理法25条）。たとえば、飼っているペットの数が多くなりすぎると、市役所などから「頭数を減らすように」などと、勧告や命令を受けることになります。

8　犬または猫の引取り

平成24年改正前の動物愛護管理法35条では、都道府県等は、犬または猫の引取りをその所有者から求められたときは、これを引き取らなければならないと定められていました。しかし、現在は犬猫等販売業者から引取りを求められた場合その他の終生飼養の規定の趣旨に照らして引取りを求める相当の事由がないと認められる場合には、その引取りを拒否することができるとされています。それゆえ、可愛くなくなった、病気がちになった、新しい飼い主を探すのが面倒だ等の理由では、引き取ってもらえないことになるでしょう。

都道府県等に引取義務があるからといって、安易に犬や猫の引取りを依頼することは望ましいことではありません。飼い主としての責任を果たし、終生飼養できるように努め、どうしても困難な場合は新たな飼い主を探すようにすることが大切です。

コラム① イギリスの動物福祉法の制定

2006年11月8日、動物愛護の先進国であるイギリスでは、これまでの動物愛護関連法を統合した、動物福祉法（Animal Welfare Act）が制定されました（2007年4月6日施行）。この法律の適用範囲は、原則として広く脊椎動物全般が対象となります。家畜化されるなど人の管理下にあり野生動物でない動物は特に保護されています。

動物に対し、正当な理由なく、苦しみを与えたり、断尾したり、毒物を与えたり、闘争させたりした場合には罰せられます。罰則の内容は、禁錮刑、罰金刑のほか、動物の所有権の剥奪や一定期間の動物飼育禁止もあります。飼い主の飼育禁止命令はこれまでもありましたが、悪質な事案であるにもかかわらず裁判官が飼育禁止命令を言い渡さなかった場合には、裁判官は、なぜ飼育禁止としなかったのか、その理由を示さなければならなくなりました。

また、動物が実際に苦しむ前の段階、苦しんでいるだろうと推測できる早期の段階で警察が介入することがでます。

飼い主の適切な飼養管理義務違反に対しては、最高で5000ポンド（約80万円）の罰金または最高で51週の服役が科されます。

基本的な理念として、世界的に動物福祉の基本として認められている「5つの自由」（①飢えと乾きからの自由、②不快からの自由、③苦痛・負傷・疾病からの自由、④恐怖と抑圧からの自由、⑤その動物にとっての自然な行動をする自由）の趣旨が盛り込まれています。

Q4　動物実験に関する3Rの原則とは何か

動物愛護管理法には、動物実験に関するいわゆる３Ｒの原則が明記されていると聞きました。具体的にはどのようなことを意味するのでしょうか。

▶▶▶ Point

① **動物愛護管理法は、いわゆる動物実験についても規定を設けています**

② **動物実験として扱われる動物を減らし、苦痛を与えないことが大切です**

1　動物を殺す場合の方法に関する規定と動物虐待

動物愛護管理法40条１項には、「動物を殺さなければならない場合には、できる限りその動物に苦痛を与えない方法によつてしなければならない」と規定されています。人間が生きていくうえでは、仕方なく動物を殺さなければならない場合があります。そのようなとき、なるべく動物に苦痛を与えないようにしたい、この思いも動物愛護の１つの基本的な考え方です。

たとえば、なぜ鯨を捕獲してはいけないのかという理由の１つに、鯨ほどの大きな生物を、一瞬にして苦痛なく殺すことは不可能に近いということがあげられます。何本もの槍が刺さった鯨は、苦痛にもがきながら死んでいきます。それは、一種の虐待だというのが捕鯨禁止派の主張の１つです。どうしても動物を殺さなければならないときには、できるだけ苦痛を与えないようにするという配慮が必要なのです（動物虐待罪についてはＱ７も参照）。

令和元年の改正により、環境大臣が、できる限り苦痛を与えない方法に関して必要な事項を定めるにあたっては（動物愛護管理法40条２項）、国際的動向に十分配慮するよう努めなければならないとの規定が加わりました（同条

3項）。

2 3Rの原則

動物愛護管理法41条1項・2項では、動物を実験に利用する際の注意事項として「できる限り動物を供する方法に代わり得るものを利用すること」（代替実験の活用の原則 Replacement）、「できる限りその利用に供される動物の数を少なくすること」（使用数の削減の原則 Reduction）および「できる限りその動物に苦痛を与えない方法によつてしなければならない」こと（苦痛の軽減の原則 Refinement）を定めており、いわゆる動物実験における3Rの原則（Replacement, Reduction, Refinement）を明文化しています。

コラム② アメリカのペット法事情

アメリカは、州の自治権がとても強く、州ごとに立法権を持っています。ですから、各州の州民には、アメリカ合衆国全体をカバーする連邦法と、各州で定めた州法の両方が適用されます。

動物虐待に関する規制、罰則など実践的な法律は州法によるものが多いため、州が動物に対してどのような態度をとるかが、動物保護にとって決定的な違いとなって現れます。

アメリカには、アニマル・リーガル・デフェンス・ファンド（Animal Legal Defense Fund：ALDF）という動物保護団体があり、この団体の会員は弁護士やロースクールの学生が多く、動物保護側の代理人として多くの訴訟を起こしたり、動物法教育を推し進めたり、ロビー活動、マスコミへのキャンペーンなどを行っています。

この団体のユニークな活動の1つとして、毎年、動物保護の観点から全米の州法を比較し、ランキング付けして発表する取組みがあり、2012年で7年目になります。

2012年はイリノイ州がランキングの1位でした。動物保護団体の多く集まるカリフォルニア州は前年の5位から3位へ浮上しました。これは、シェルターの拡大、虐待者のもとへ動物を返還しないなどの点が評価されたようです。アイダホ州は、2012年は最も改善がなされた州で、過去はワースト5

だったのが、一気に８ランクアップしました。虐待・遺棄・放棄・闘鶏に対して重罪を定めたことが理由としてあげられます（アメリカでは、重罪 Felony とは、一般に、１年を超える刑が定められた罪をいいます）。動物への虐待について重罰規定のない州はノースダコタ、サウスダコタのみとなっており、これが長い間両州がワースト５にとどまっている理由となっています。動物保護の立法が最も弱く、６年連続ワーストワンを甘受しているのは、ケンタッキー州です。南部の農畜産業の盛んな州はランクが低い傾向があるようです。

2010年のベストワンは、2012年と同じくイリノイ州でしたが、ALDF はイリノイ州の表彰のため州内の豪華ホテルで表彰式を開催しました。100名近く（多くは弁護士）の会員が出席し、知事本人も出席して直接表彰される予定でした。残念ながら、知事は急用で式には間に合いませんでしたが、知事の実母と秘書が出席して、知事の代わりに表彰を受けました。

この５年間で、75％以上の州が、動物保護のための立法で著しい進展があったとされています。評価される改善の要素としては、以下のようなものがあります。

①　保護される動物の範囲の拡大
②　動物の侵害者への罰の拡大
③　動物のケアのための基準の拡大
④　獣医師と専門家による動物虐待ケースのレポートの作成
⑤　誤った取扱いをされた動物をケアするための関連する代替手段と回復のコスト
⑥　動物に対する攻撃者へのメンタルヘルスの評価とコンサルタントの要求
⑦　有罪判決を受けた虐待者が引き続き動物を所有することの禁止
⑧　ドメスティック・バイオレンスに対する保護命令の対象に、被害者の所有するペットも含むこと
⑨　有罪判決を受けた虐待者が動物を取り扱う仕事を得ることを禁止すること
⑩　エキゾチックアニマルの売買や所有を禁止すること
⑪　通常の警察官同様に、動物関係法の取扱者の権限の拡大

特に、最もひどいタイプの虐待に対する重罪レベルの罰の有無は評価の対象になります。ALDF が2006年に最初にランキングを発表した後、この点で

は著しい進歩がありました。7つの州（アラスカ、アーカンサス、グアム、ハワイ、アイダホ、ミシシッピ、ユタ）で、初めて動物虐待が重罰化されました。6つの州（ケンタッキー、ルイジアナ、ミシガン、ナブラスカ、ネバダ、プエルトリコ）では、重罰を定めていた動物保護法が強化されました。9つの州（アラスカ、アーカンサス、コネチカット、インディアナ、ルイジアナ、ミシガン、ナブラスカ、ノースキャロライナ、プエルトリコ、テネシー）で、繰り返され、または、さらにひどくなる遺棄や放棄が重罰化されました。7つの州（アラスカ、アイダホ、ルイジアナ、インディアナ、ミシガン、ナブラスカ、プエルトリコ）で、繰り返される動物の遺棄や放棄が、動物の死や傷害の結果を生じた場合を重罪としました。3つの州（アラスカ、プエルトリコ、テネシー）で、動物の性的虐待が重罰とされました（以上について、http://aldf.org/article.php?id=2269参照）。

アメリカの平均的な世帯では1世帯で少なくとも1匹のペットがいるといわれており、このようなランク付けは市民の興味を引くところです。ランキングが発表されると、Facebook や Twitter で情報がシェアされ、話題となっています。

アメリカは州ごとに法律が違うという不便さがよく指摘されますが、動物保護法に関しては、各州を比較してランク付けをしていく中で、具体的にどの点が他州に比べて不十分なのか、改善の余地があるか明確になり、動物保護団体が要請をしやすくなるのみならず、立法者も立法がしやすくなるという利点があるといえるでしょう。

Q5 動物愛護管理法は飼い主の責任についてどのようなことを定めているか

動物愛護管理法には、飼い主の責任としてどのようなことが規定されているのですか。また、飼い主は、具体的にどのような責任を負うのでしょうか。

▶▶▶ Point

① 動物愛護管理法は、ペットの飼い主の責任について、さまざまな規定を置いています

② 令和元年の改正で、飼い主は、飼養および保管に関してよるべき基準を遵守しなければならないことが明確になりました

1 動物の所有者・占有者の責務等

飼い主の負うべき責任として、動物愛護管理法7条では、適切に飼育し、他人に迷惑をかけないこと（同条1項）、感染症に関する知識を身に付けること（同条2項）、逸走を防止すること（同条3項）、終生飼養すること（同条4項）、繁殖に対する適切な措置をすべきこと（同条5項）、飼い主が誰だかがわかるようにすること（同条6項）を定めています。

令和元年の改正で、動物の飼い主は、その動物について環境大臣が飼養および保管に関する基準（動物愛護管理法7条7項）を定めているときは、その基準を守らなければならないことが明確になりました（同条1項後段）。

第7条　動物の所有者又は占有者は、命あるものである動物の所有者又は占有者として動物の愛護及び管理に関する責任を十分に自覚して、その動物をその種類、習性等に応じて適正に飼養し、又は保管することにより、動物の健康及び安全を保持するように努めるとともに、動物が人の生命、身体若しくは財産に害を加え、生活環境の保全上の支障を生じさせ、又は人に迷惑を及ぼすことのないように努めなければならない。この場合において、その飼養し、又は保管する動物について第７項の基準が定められたときは、動物の飼養及び保管については、当該基準によるものとする。
２　動物の所有者又は占有者は、その所有し、又は占有する動物に起因する感染性の疾病について正しい知識を持ち、その予防のために必要な注意を払うように努めなければならない。
３　動物の所有者又は占有者は、その所有し、又は占有する動物の逸走を防止するために必要な措置を講ずるよう努めなければならない。
４　動物の所有者は、その所有する動物の飼養又は保管の目的等を達する上で支障を及ぼさない範囲で、できる限り、当該動物がその命を終えるまで適切に飼養すること（以下「終生飼養」という。）に努めなければならない。
５　動物の所有者は、その所有する動物がみだりに繁殖して適正に飼養することが困難とならないよう、繁殖に関する適切な措置を講ずるよう努めなければならない。
６　動物の所有者は、その所有する動物が自己の所有に係るものであることを明らかにするための措置として環境大臣が定めるものを講ずるように努めなければならない。
７　環境大臣は、関係行政機関の長と協議して、動物の飼養及び保管に関しよるべき基準を定めることができる。

2　危険動物（特定動物）の飼育禁止

令和元年の改正で、人の生命、身体または財産に害を加えるおそれがある動物として政令で定める動物は、原則として飼養・保管が禁じられました。この動物には、その動物が交雑することにより生じた動物を含むことになりました。交雑とは、異種の動物が交配された動物も含むことを意味します。これら危険な動物を「特定動物」と呼びます（動物愛護管理法25条の２）。

改正前は、個人が愛玩目的で飼育することは許可があればできましたが、改正により禁止されることになります。

例外として特定動物の飼養・保管が認められるのは、動物園その他これに類する施設における展示その他の環境省令で定める目的をもつ者に限られます（動物愛護管理法26条１項）。飼養・保管するためには、許可を受けなければならないことは変わりません。

特定動物の例としては、ニホンザル、トラ、ゾウ、サイ、キリン、カバ、イヌワシ、ワニガメ、毒とかげ、毒へびなどがあげられます（動物愛護管理法施行令２条・別表）。危険性のある特定動物の愛玩目的での飼育は禁止されていることに気をつけなくてはなりません。

3　負傷動物等の発見者の通報

道路などに負傷した動物がいるのを発見した場合には、関係者・関係機関へ通報しましょう。動物愛護管理法36条１項には、「道路、公園、広場その他の公共の場所において、疾病にかかり、若しくは負傷した犬、猫等の動物又は犬、猫等の動物の死体を発見した者は、速やかに、その所有者が判明しているときは所有者に、その所有者が判明しないときは都道府県知事等に通報するように努めなければならない」と定められています。

動物に付いている名札に飼い主の電話番号などがあれば飼い主に、なければ、警察や動物愛護（管理）センターなど関係機関へ通報しましょう。

4　犬・猫の繁殖制限

動物愛護管理法37条は、「犬又は猫の所有者は、これらの動物がみだりに繁殖してこれに適正な飼養を受ける機会を与えることが困難となるようなおそれがあると認める場合には、その繁殖を防止するため、生殖を不能にする手術その他の措置を講じなければならない」と定めています。

令和元年の改正により、努力義務から、「講じなければならい」と義務の程度が引き上げられました。避妊や虚勢手術に関しては、その是非について議論のあるところですが、頭数が多くなりすぎて飼えなくなる事態に至る前に適切な対処を行う必要があります。

Q6　動物愛護管理法は獣医師の役割についてどのようなことを定めているか

動物愛護管理法に、獣医師の役割はどのように定められていますか。令和元年の改正で何か変わりましたか。

▶▶▶ Point

① **獣医師の役割はたくさんあります**

② **負傷動物に関する獣医師の通報義務の程度が引き上げられました**

1　動物愛護管理法に定められている獣医師の役割

動物愛護管理法において獣医師が登場する規定はいくつもあります。

獣医師の団体が動物愛護推進員（同法38条参照）の委嘱の推進や活動の支援に関する協議会を組織できること（同法39条）、負傷動物等を発見したときの通報義務（同法41条の２）、動物の健康状態を保つために第一種動物取扱業者の求めに応じて動物の診療にかかわること（同法21条の２）、犬猫等の健康および安全を確保するために犬猫等販売業者と連携すること（同法22条の３）、そして、獣医師が死亡した犬猫の検案にかかわること（同法22条の６第３項）についての規定があります。

2　負傷動物等を発見したときの通報義務の引上げ

動物虐待の早期発見のために、動物の診療にあたる獣医師が重要な役割を担うことは、以前から指摘されてきました。動物愛護管理法41条の２は、「獣医師は、その業務を行うに当たり、みだりに殺されたと思われる動物の死体又はみだりに傷つけられ、若しくは虐待を受けたと思われる動物を発見したときは、遅滞なく、都道府県知事その他の関係機関に通報しなければならない」と定めています。

令和元年の改正により、「遅滞なく」との規定が加えられ、努力義務からより高度な義務に引き上げられました。

愛護動物を虐待すると、動物虐待罪が成立し、罰則の適用があります。ところが、虐待行為は、飼い主の自宅内で行われるなどの理由から、見つけ出すことが容易ではありません。虐待行為を行っていないと思っている飼い主が、けがをした動物の治療に訪れることがないとはいえません。獣医師からみて、虐待が行われたと判断されるときには、遅れることなく、通報されることになりました。今回の改正により、動物虐待を発見したときの、獣医師の機敏な対応が期待されます。

Q7　動物を虐待した場合にどのような罰則があるか

新聞で、動物をむやみに殺すと動物虐待罪になるという記事を見ました。動物虐待罪とはどのような犯罪ですか。動物愛護管理法にはどのような罰則がありますか。

▶▶▶ Point

①　動物愛護管理法には、動物虐待罪をはじめ、さまざまな罰則が定められています

②　動物をみだりに殺傷すると最高で懲役５年の刑が科されるように改正されました

1　動物虐待罪

動物愛護管理法の罰則規定は、制定以来、３度の改正を経て充実し、令和元年の改正でさらに強化されました。

動物愛護管理法では、44条から50条に罰則が規定されています。

動物愛護管理法44条には、「愛護動物をみだりに殺し、又は傷つけた者は、５年以下の懲役又は500万円以下の罰金に処する」と定められています。令和元年の改正により刑罰は引き上げられました。

ここでの「みだりに」というのは、「正当な理由なく」という意味です。獣医師が行う治療行為の一環としての安楽死は正当な理由があるので、動物虐待には当たらないと考えられます。しかし、アヒルをめがけて矢を放ったり、子犬を布袋に入れてサッカーボールの代わりに蹴飛ばして遊んだりすると、動物虐待罪に問われます。

2　餌や水を与えなかった場合

令和元年の動物愛護管理法の改正により、動物への虐待行為の例示がより多く定められました。

改正後の動物愛護管理法44条2項では、「愛護動物に対し、みだりに、その身体に外傷が生ずるおそれのある暴行を加え、又はそのおそれのある行為をさせること、みだりに、給餌若しくは給水をやめ、酷使し、その健康及び安全を保持することが困難な場所に拘束し、又は飼養密度が著しく適正を欠いた状態で愛護動物を飼養し若しくは保管することにより衰弱させること、自己の飼養し、又は保管する愛護動物であつて疾病にかかり、又は負傷したものの適切な保護を行わないこと、排せつ物の堆積した施設又は他の愛護動物の死体が放置された施設であつて自己の管理するものにおいて飼養し、又は保管することその他の虐待を行つた者は、1年以下の懲役又は100万円以下の罰金に処する」（下線は改正部分。以下同様）と規定されています。

たとえば、乗馬クラブの経営者が、経営難から餌を与えず馬を死亡させたり、十分な餌を与えず痩せ細らせたりすると罰せられます。

3　動物を遺棄した場合

動物愛護管理法44条3項では、「愛護動物を遺棄した者は、1年以下の懲役又は100万円以下の罰金に処する」と規定されています。令和元年の改正により、罰金刑だけでなく、懲役刑も加えられました。

たとえば、猫の手足を縛って、人気のない雑木林に捨てたりすると罰せられることになります。どのような行為が遺棄に当たるかについて、環境省が考え方を示しました。「動物の愛護及び管理に関する法律第44条第3項に基づく愛護動物の遺棄の考え方について」（平成26年12月12日。環自総発第1412121号）という通知です。

そこでは、「遺棄」の意味として、愛護動物を移転または置き去りにして場所的に離隔することにより、当該愛護動物の生命・身体を危険にさらす行為と考えられ、個々の案件について愛護動物の「遺棄」に該当するか否かを判断する際には、離隔された場所の状況、動物の状態、目的等の諸要素を総合的に勘案する必要がある、とされています。生まれたばかりの子猫たちを、動物病院の玄関先に置き去る行為も遺棄に当たるでしょう。

4　愛護動物とは

ここで、「愛護動物」は、牛、馬、豚、めん羊、山羊、犬、猫、いえうさぎ、鶏、いえばと、あひる、それから、人が占有している動物で哺乳類、鳥類または爬虫類に属するものに限られます（動物愛護管理法44条４項）。たとえば、ここに含まれていない山林の中にいるカブト虫を虐待しても、この法律の罰則は適用ありません。しかし、倫理的には非難されることでしょう。

Q8　動物愛護管理法の令和元年改正のポイント

動物愛護管理法は令和元年に４度目の大改正をしたと聞きました。今回の改正の要点はどのようなものでしょうか。

▶▶▶ Point

① **動物取扱業のさらなる適正化が図られました**

② **動物の不適切な取扱いへの対応が強化されました**

1　令和元年改正の要点

平成24年の改正の際に、法施行後５年を経過した場合に見直しを行う旨の条項が規定され、特に幼齢の犬猫の販売等の制限（販売日齢の規制）、マイクロチップの装着の義務づけについては必要な検討を行うことが規定されていました。令和元年の改正では、動物取扱業のさらなる適正化、動物の不適切な取扱いへの対応の強化などがなされています。

2　主な改正内容

主な改正内容は次のとおりです。

1　動物の所有者等が遵守すべき責務規定を明確化

動物の所有者または占有者は、環境大臣が使用保管に関する基準を定めているときはその基準を遵守しなければならないことになりました（７条１項）。

2　第一種動物取扱業による適正飼養等の促進等

①　登録拒否事由が追加されました（12条１項）。

②　環境省令で定める遵守基準が具体的に明示されることとなりました

(21条2項)。

遵守基準としては飼養施設の構造・規模、環境の管理、繁殖の方法等があげられます。遵守基準が守られていない場合は、都道府県知事は期限を定めて改善勧告ができ、期限内に従わなかったは、その旨を公表することができるようになりました(23条1項・3項)

③ 犬・猫の販売場所を事業所に限定することになりました(21条の4)。

④ 出生後56日(8週)を経過しない犬または猫の販売等を制限することになりました(22条の5)。ただし、文化財保護法の規定により天然記念物として指定された犬の繁殖を行う犬猫等販売業者が、犬猫等販売業者以外にその犬を販売する場合は、49日(7週)に短縮する内容の特例が規定されています(附則2項)。

3 動物の適正飼養のための規制の強化

① 適正飼養が困難な場合の繁殖防止が義務化されました。犬猫の所有者は、繁殖により適正飼養が困難になるおそれのあるときは、繁殖防止のため、生殖を不能にする手術等の措置を講じることが義務化されました(37条)。

② 都道府県知事は、周辺の生活環境が損なわれている事態が生じていると認めるときは、指導、助言を行い、報告徴収、立入検査等ができることになりました(25条1項・5項)。

③ 特定動物(危険動物)に関する規制が強化され、愛玩目的での飼養等を禁止し、特定動物の交雑種を規制対象に追加しました(25条の2)。

④ 動物虐待に対する罰則が引き上げられ、殺傷罪は5年以下の懲役または罰金500万円以下の罰金と規定されました(44条1項)。虐待罪・遺棄罪は1年以下の懲役または100万円以下の罰金となりました(同条2項)。

4 都道府県等の措置等の拡充

① 動物愛護管理センターの業務が規定されました(37条の2)。

② 「動物愛護担当職員」の名称が「動物愛護管理担当職員」に改められ、必置となりました(37条の3)。

③ 所有者不明の犬猫の引取りを拒否できる場合が規定されました(35条)。

5 マイクロチップの装着等

① 犬猫の繁殖業者等にマイクロチップの装着・登録が義務づけられ、義務対象者以外の所有者は努力義務となりました(39条の2・39条の5)。

② 登録を受けた犬猫を所有した者は変更届出が義務づけられました(39

条の６）。

６　その他

①　動物を殺す場合の方法に係る国際的動向へ配慮することが規定されました（40条３項）。

②　獣医師による虐待等の通報が義務化されました（41条の２）。

③　関係機関の連携の強化につき規定されました（41条の４）。

④　国は、地方公共団体が動物愛護・適正飼養推進の施策のため必要な財政措置等をするよう努めることとされました（41条の５）。

⑤　施行後５年をめどに施行状況を検討し必要な措置を講ずることとされました（改正法附則11条）。

⑥　改正動物愛護管理法の施行日は、原則として令和２年６月１日ですが、幼齢の犬または猫の販売規制については公布の日（令和元年６月19日）から２年以内、マイクロチップの装着義務については、公布の日から３年以内となっています（改正法附則１条・７条）。

３　国会の附帯決議

令和元年の改正では、参議院環境委員会から政府に対し、多項目の要望（附帯決議）が出されました。たとえば、動物取扱業者に対する規制の実効性を担保するために必要な措置を講じること、動物取扱業者が遵守すべき基準の策定にあたっては、できる限り具体的な基準を設けること、第１種動物取扱業者の規制の細分化の検討、第２種動物取扱業者への適切な指導の周知徹底、特定動物の取扱いへの適切な措置の検討、動物虐待事例への対応の強化、動物虐待防止のための普及啓発、マイクロチップの装着義務づけの実効性確保の措置、畜産動物の飼養保管基準の遵守の徹底、国際的なアニマルウェルフェア情報の収集、諸政策への配慮などが要望されています。

コラム③　多頭飼育の適正化

ペットを複数匹飼育していると、あっという間に増えていくことがあります。一度に数匹の子どもを出産するので、どんどん増えていきます。犬の場合は、散歩をする必要があり、散歩の世話をすることに限界を感じ始めることでしょう。ところが、猫の場合は外を散歩させる必要はあまりありません。室内飼いをしつつ、寝床を増やすなどしてどんどん数が増えることがあります。頭数が増えると、それに伴い、悪臭が発生したり、鳴き声がうるさくなったりするなどの弊害が生じます。近所にも迷惑をかけてしまい、トラブルに発展することもあります。多数のペットを飼育しながら、飼い主が病気になったり、ノイローゼになったり、経済的に困窮したりして、その後に飼育を継続できなくなるという、多頭飼育による崩壊現象も生じています。この場合の後処理は大変です。

動物愛護管理法は、多頭飼育の問題について警鐘を鳴らしています。令和元年改正後の同法では、犬猫の所有者は、繁殖により適正飼養が困難になるおそれがある場合、生殖を不能にする手術等の措置を講じなければならないと繁殖防止の義務を規定しています（37条）。また、都道府県知事は、動物の飼養または保管、または給餌もしくは給水に起因した騒音または悪臭の発生、動物の毛の飛散、多数の昆虫の発生等によって周辺の生活環境が損なわれている事態として環境省令で定める事態が生じていると認めるときは、当該事態を生じさせている者に対し、必要な指導および助言をすることができることになりました（25条1項）。また、都道府県知事は、このような事態が生じている場合、期限を定めて、その事態を除去するために必要な措置をとるべきことを勧告することができます（同条2項）。この勧告に従わないときには改善命令を出すことも認められています（同条3項）。命令に従わない場合には、50万円以下の罰金という罰則も設けられています（46条の2）。また、都道府県知事は、飼養保管している者に対し、飼養保管状況について報告を求めることができ、飼養保管場所に立入検査もできるようになりました（25条5項）。

Q9 迷子のペットを見つけたらどのようにすればよいか

家の前の袋小路で首輪をつけた犬が迷子になっていました。どこへ届け出ればよいのでしょうか。また、自分の飼い犬として飼育することができるでしょうか。

▶▶▶ Point

① **迷子に気付いたらすぐに関係機関に連絡をしましょう**

② **迷子のペットを、無届で飼い始めるのは避けましょう**

1 犬と猫は遺失物とは異なる取扱いをする

これまで長い間、迷子の犬や猫は、遺失物として、警察を窓口として取り扱われ、遺失者に返還するか警察に提出する必要がありました。迷子の犬や猫を見つけた場合には、財布を拾った場合と同様に扱われてきたのです。

ところが、平成19年12月10日から、それまでの取扱いが一部変更になりました。財布ならば保管も簡単ですが、ペットの場合は生き物であり、餌やりや糞尿の処理といった世話を必要とするなど、保管上の問題がありました。しかし、飼い主の判明しない犬や猫の場合、むしろ警察ではない他の行政に引取りを求め、飼い主を探してもらうなどの適切な処遇を期待することもできます。そこで、平成18年の遺失物法の改正により、動物愛護管理法35条3項に規定する「所有者の判明しない犬又は猫の引取りを行政に求めた拾得者」は、犬または猫を「遺失物」すなわち落し物としては扱わず、警察に提出しなくてもよいことになったのです（改正後の遺失物法4条3項）。

ご質問のように、首輪を付けた迷子の犬を見つけた場合、飼い主がわかるときはその飼い主に返還し、飼い主がわからないときは都道府県が管理する動物愛護（管理）センターなどまたは警察へ届け出ることになります。

所有者が判明せず行政に引取りを求めた犬および猫以外のペットに関しては、従来と同様に遺失物として警察で取り扱われます。

2　都道府県の動物愛護（管理）センターなどで管理される

動物愛護（管理）センター等では、届出のあった犬・猫を管理します。さらに、インターネットを利用し、ホームページで写真、収容日、収容場所を公表するなどして、飼い主を探すことに役立てようと努力しています。

動物愛護（管理）センター等で数日間保管しても飼い主が現れない場合は、条例に基づき殺処分されることもあります。ですから、飼い主としては、動物愛護（管理）センター等で保管している犬・猫の情報を確認し、できるだけ早く見つけ出すことが必要です。

3　もしペットが逃げ出したら

可愛がっているペットが逃げ出してしまったとき、どのように対処するのがよいでしょうか。

従来どおり、警察で対応してくれますから、まずは警察へ連絡してみましょう。さらに、自治体の保健所や動物愛護相談センターなどへも連絡しましょう。その他、人手を集めて実際に探して回ることや、聞き込みなどをして探すことも必要になるでしょう。写真付きの広告を作成したり、さらに懸賞金をかけてビラを貼ることも考えられます。その際、所有者の承諾なく家の壁や電信柱などにビラを貼ると条例違反となることがあるので十分に注意してください。

また、負傷して近くの動物病院に収容されていることも考えられます。不幸にも交通事故にあって清掃局に引き取られている可能性もあります。多数の機関に問い合わせてみましょう。環境省動物再飼養支援収容動物データ検索サイト〈http://jawn.env.go.jp/〉で、迷子のペットが検索できます。

ペットを探すことを職業にしている専門家、いわゆる「ペット探偵」に依頼することも考えられます（Q62参照）。

4　迷子の犬や猫を自治体から譲り受けることも可能

迷子になったペットの飼い主が現れない場合、自治体としては、それぞれの条例に基づいて、数日後に処分することが可能となります（たとえば、東京都ペット条例24条３項）。

かわいそうな話ですが、多くの場合は殺処分されます。しかし、殺されてしまう前に、第三者が自ら飼いたいと申し出た場合で（飼育環境が整っているなど）一定の要件を備えている場合には、その第三者を新たな所有者として譲り渡すことがあります（たとえば、東京都ペット条例25条）。このように新たな飼い主を申し出た人は、新たなペットの所有者、飼い主になることができるのです。平成24年の動物愛護管理法改正により、自治体としても、殺処分がなくなることをめざして努力しなければならなくなりました（同法35条４項）。

民法239条１項の規定によれば、所有者のいない動物を飼い始めた者は、その動物の所有権を取得できることになります。飼い主が見つからず、収容期限が過ぎて殺処分になる際には、事実上、飼い主がいなくなるのと同じ状態におかれます。それゆえ、新たな飼い主が現れると、その飼い主が、ペットに関して新たな所有権を取得することになると考えてよいでしょう。

5　従来の飼い主は、地方自治体を介して譲渡を受けた新しい飼い主に対して返還を請求できない

前に述べたように、迷子になったペットは保健所などに保護され、一定期間を経過した場合には、自治体が条例に基づいて処分することが可能となります。そうなると飼い主は、殺処分されたり、その後第三者に譲渡されたりしても文句を言えないことになります。また、従来からの飼い主は、ペット

に対する所有権を失い、返還を請求することもできなくなります。

愛するペットが迷子になったら、できるだけ早く見つけ出しましょう。そうしないと、殺処分されたり、新たな飼い主に譲渡されて取り戻すことができなくなってしまうからです。

6 届出をせずに飼い始めてしまった場合

一方、迷子になったペットを見つけた人が、動物愛護（管理）センターや警察に届出をせず、ひそかに飼い始めた場合には、飼い主からペットの返還を請求されることがあります（民法193条）。このようなトラブルを防止するため、迷子の動物を飼う場合には、しかるべき機関へ届出をして、新たな飼い主になることを申し出ましょう。

コラム④　地域猫活動

野良猫が増えて困るという問題があります。繁殖に対する制限を加えずに、誰かが餌を与えたりしていると、さらに野良猫が増え続けてしまいます。そのために生じる糞尿、鳴き声による騒音、車を傷つけられたり物を壊されるなどの被害を防がなくてはなりません。しかし一方では、お腹を空かせた猫がかわいそうで餌を与えたくなる気持ちもわかります。

そこで、始まったのが「地域猫活動」です。地域にいる飼い主のいない猫に対し、餌を与えるなどして保護しつつ、去勢・避妊手術を施し、繁殖を制限し、最終的には野良猫の解消に向けて地域的に組織化し、また、行政と連携して活動することを「地域猫活動」と呼んでいます。

この地域猫活動について、動物愛護管理法では特に条項を設けず、指針すら示していません。しかし、平成24年の同法改正に際してなされた附帯決議には、地域猫活動に関するものがあります。すなわち「飼い主のいない猫に不妊去勢手術を施して地域住民の合意の下に管理する地域猫対策は、猫に係る苦情件数の低減及び猫の引取り頭数の減少に効果があることに鑑み、官民挙げて一層の推進を図ること」との決議が行われているのです。

地域猫活動については、苦情件数の低減および行政の引取り頭数の減少に効果があると評価されています。

地域猫の活動は、行政による猫の引取り頭数の減少にもつながるでしょう。

また、令和元年の同法改正に際してなされた附帯決議では、所有者不明の犬猫の引取り拒否の要件の設定にあたっては、狂犬病予防法との整合性、当該犬猫に飼い主がいる可能性および地域猫活動等も考慮し、地域の実情に配慮した要件を設定することとされました。

Q10 マイクロチップ

飼い犬に対するマイクロチップの装着は法令で義務づけられていますか。

▶▶▶ Point

① **人に害を与える可能性のある特定動物には装着が義務づけられています**

② **犬や猫に対する装着の義務が法令に盛り込まれています**

1 マイクロチップとは

マイクロチップとは、動物の個体を識別するために必要な情報を取り出すことのできる、直径2㎜、長さ約8～12㎜の円筒形の電子標識器具で、内部はIC、コンデンサ、電極コイルからなり、外側は生体適合ガラスで覆われているものです。犬や猫の場合は、背中側の首の付け根または左耳下側の皮膚の下に埋め込みます。装着は少し太めの注射器で行いますが、数秒で終わるので、麻酔を施す必要はありません。

マイクロチップの埋められている場所に情報を読み取ることのできるリーダーを当てると、世界で唯一の15桁の数字の登録番号を読み取ることができます。その登録番号をもとにデータベースを検索することで、飼い主、住所、電話番号などの情報がわかります。首輪や名札は外れてなくなる心配がありますが、マイクロチップにはそのような心配はありません。

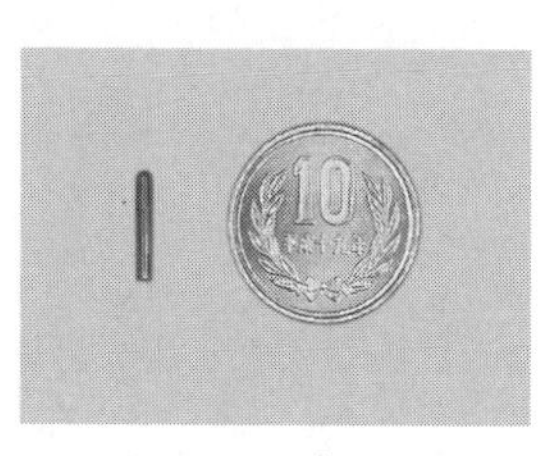

マイクロチップと10円玉

マイクロチップを付けていると、迷子になったときや災害や盗難にあったときなどでも飼い主の元へ戻りやすい、ペットと海外旅行をする際に手続が簡略化されるなどの利点があります（Q11参照）。また、裁判においてペットの特定を可能にするというメリットもあります。たとえば、犬猫の返還訴訟において、マイクロチップを装着していれば、似た特徴の犬猫が複数いたとしても、また、犬猫が成長して身体的特徴に変化が起きたとしても、登録番号によって犬猫を特定することが可能といえます。リーダーは、全国の動物愛護（管理）センターや保健所、動物病院などに配備されています。

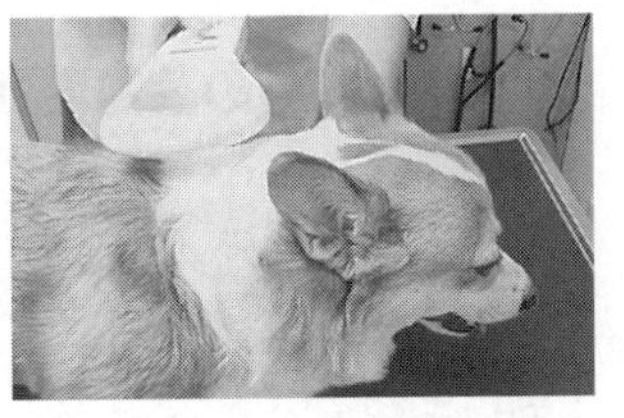
リーダーをあてて読み取る

動物ID情報データベースシステムのホームページによれば、令和元年9月13日現在で208万2790件（犬：161万8438件、猫：45万9157件、その他：5195件）の登録があるとのことです。

2　装着が義務づけられている特定動物

動物愛護管理法26条では「人の生命、身体又は財産に害を加えるおそれがある動物として政令で定める動物（以下「特定動物」という。）の飼養又は保管を行おうとする者は、環境省令で定めるところにより、特定動物の種類ごとに、特定動物の飼養又は保管のための施設……の所在地を管轄する都道府県知事の許可を受けなければならない」として、許可制を定めています。特定動物には、チンパンジー、ワニ、コブラ、くま、コヨーテ、チーター、コンドル等たくさんの動物が指定されています（同法施行令2条・別表）。これらの特定動物には、施行規則20条3項により、マイクロチップ等を埋め込まなくてはならないとされています。

埋め込む部位は、動物の種類により異なります（犬・猫については前述）。たとえば、コブラ（蛇）では、「総排せつ孔より前の左体側皮下」に、象では「尾の基部の皺すう壁の左側」に埋め込むこととされています。

3 犬や猫への装着義務

動物愛護管理法7条6項は、動物の飼い主に、その動物が自己の所有に係るものであることを明らかにするための措置を講じるように努めなければならないと規定していますが、令和元年改正前まではマイクロチップを装着しなければならないとまでは規定されていませんでした。令和元年改正により、マイクロチップの義務化に関する規定がなされました。

犬猫販売業者は、犬または猫を取得したときは、環境省令で定めるところにより、取得した日（生後90日以内の犬または猫を取得した場合は、生後90日を経過した日）から30日を経過する日までにマイクロチップを装着しなければなりません。その日までに譲渡をする場合は、譲渡の日までに装着しなければなりません。ただし、犬猫にマイクロチップが装着されている場合や、環境省令で定める場合は、装着義務はありません（同法39条の2第1項）。

犬猫販売業者以外の所有者は、環境省令で定めるところにより、犬猫にマイクロチップを装着するよう努めるものとされ、一般飼い主の場合はマイクロチップの装着は努力義務となっています（同法39条の2第2項）。

登録については、所有する犬猫にマイクロチップを装着した者や、マイクロチップが装着された犬または猫で登録を受けていないものを取得した犬猫販売業者は、環境省令で定めるところにより、その所有する犬猫について、環境大臣またはその指定する者の登録を受けなければならないと規定されました。登録をしたときは、登録証明書が交付されます（同法39条の5）。登録を受けた者は、犬猫の所在地その他の環境省令で定める事項に変更を生じたときは、その旨を届け出なければならないと規定されています。登録を受けた犬猫を取得した者も、変更登録を受けなければなりません（同法39条の6）。死亡したときにも届け出なければなりません（同法39条の8）。

Q11 海外へ行く際の規制はあるか――日本で飼えない動物、ペットに関する手続

⑴　海外旅行へ行く予定があり、お土産に珍しいペットを買ってきたいと思っていますが、日本国内で飼えない動物もいると思います。どのような規制があるのでしょうか。

⑵　海外へ旅行する予定があり、子ども同然に可愛がっているペット（犬）も一緒に連れていこうと考えていますが、可能でしょうか。可能だとすれば、手続はどのようにすればよいのでしょうか。

▶▶▶ Point

①　ワシントン条約などにより動物の持ち帰りには規制があります

②　海外旅行をする前にマイクロチップを装着しておくと手続が簡易になります

1　ペットを輸入する際の規制――⑴について

動物の中には、条約の規制により、そもそも相手国が輸出しないもの、日本が輸入を認めないものがあります。

さらに、輸入が認められるとしても、犬や猫などの場合は検疫に関する手続が必要です。狂犬病予防法７条では、検疫を受けた犬等でなければ輸出・輸入できないとしており、これに違反すると30万円以下の罰金が科せられます（同法26条１号）。

また、実際に輸送してくれる航空会社などの運航規則にも従う必要があります。

海外から珍しい動物を買ってくるのであれば、これらのことに関し、日本に輸入できる動物かどうか、事前に十分な調査をする必要があるでしょう。

2 ワシントン条約

日本は、絶滅のおそれのある野生動植物の種の国際取引に関する条約（ワシントン条約）を昭和55年に批准しました。

ワシントン条約の附属書に掲げられた絶滅のおそれのある動物を輸入するには、輸出国が発行する許可書を取得することが必要となります。厳重な要件を満たしたうえでの許可がなければ輸入はできませんので、事前に慎重に調査しましょう。

3 そのほかの輸入規制

絶滅のおそれのある野生動植物の種の保存に関する法律15条では、国内希少野生動物の輸入を禁止しています。これに違反して輸入すると、1年以下の懲役または100万円以下の罰金に処せられることもあります（同法57条の2第1号）。

鳥に関しては、アメリカ、ロシア、オーストラリア、中国との間で締結している、2国間渡り鳥等保護条約及び協定（渡り鳥条約）による規制もあります。

特定外来生物による生態系等に係る被害の防止に関する法律（特定外来生物法）7条に違反して輸入した場合は、3年以下の懲役または300万円以下の罰金に処せられることがあります（同法32条3号。法人の場合はさらに重い両罰規定（同法36条1号、最高で1億円の罰金）があります）。

また、家畜伝染病予防法による輸入規制もあります（同法36条以下）。

4 犬と一緒の海外旅行――(2)について

平成16年から検疫制度が簡略化されましたが、まだまだ手続は複雑です。

動物が日本を出国するためには、出国前に、動物検疫所において狂犬病（犬の場合は狂犬病とレプトスピラ症）についての検査を受けなければなりません（狂犬病予防法７条など）。この検査を受ける場合、動物検疫所へ事前に連絡をしておくほうがよいでしょう。出国時には、家畜防疫官が発行する輸出検疫証明書を取得します。

海外旅行先の輸入の条件も事前に調べておく必要があります。大使館や旅行先の国の検疫当局へ問い合わせてみましょう。

また、日本に帰国する際に必要となる書類なども事前に用意することが必要です。犬や猫と一緒に旅行をしようと計画を立てたときは、帰国する際の予定空港（港）を管轄する動物検疫所に、事前（到着日の40日前まで）に届出をすることも必要となります。帰国の際には、輸出国（渡航先）政府機関発行の証明書を取得します。狂犬病の発生がないと認められている指定地域（アイスランド、オーストラリア、ニュージーランド、フィジー諸島、ハワイ、グアム（平成25年７月現在））からの帰国で、証明書に記載されているマイクロチップ（Q10参照）の識別番号と犬や猫の識別番号とが一致していることなど特定の要件を満たしていれば、到着後の係留期間は12時間以内になります。指定地域以外からの帰国の場合には、原則として180日間の係留期間が必要ですが、マイクロチップを装着した後、２回以上狂犬病のワクチンを接種しているなど特定の要件を満たすと、12時間以内に短縮されます。

渡航国の外国語の案内文を読んだり、帰国時に渡航国での獣医師の予約をしたり、用意する書類（獣医師の証明書など）もたくさん必要となり、準備だけでも数カ月から半年かかることもあるようです。詳しくは動物検疫所に確認してください（農林水産省動物検疫所ホームページ〈http://www.maff.go.jp/aqs/〉参照）。

なお、狂犬病予防法は、猫その他狂犬病を人に感染させるおそれが高いものとして定める動物（猫、あらいぐま、きつね、スカンク。同法２条１項２号、同法施行令１条）の輸出および輸入についても検疫が必要だとしています（同法７条）。

Q12　動物取扱業者に対して法律上どのような規制があるか

私はペットショップを経営していますが、法律上どのような規制を受けるのでしょうか。動物取扱業者に対する規制を教えてください。

▶▶▶ Point

① **動物愛護管理法に基づいて登録することが必要になります**

② **登録するためには、いろいろな書類を作成する必要があります**

1　登録が必要

ペットショップを一例とする動物取扱業者について、以前は、都道府県知事へ店舗を開いていることを届け出るだけで十分でした。しかし、平成24年の動物愛護管理法改正により、店舗を構えるには一定の条件を満たすことが必要とされる登録制に変わりました（同法10条以下）。この要件を満たしていないと、登録が認められないことになります。

2　動物取扱業者と動物の範囲

動物取扱業者には、第一種と第二種があります。

第一種動物取扱業者とは、動物取扱業（動物の販売（取次ぎまたは代理を含む）、保管、貸出し、訓練、動物の触れ合いの機会の提供を含む展示など）を営む者を意味します（動物愛護管理法10条１項）。具体的な例としては、ペットショップ（インターネット販売を含む）、ペットホテル、美容室、ペットシッター、ペットレンタル、ペットスクール、動物園、水族館、動物との触れ合いパークなどが該当します。取り扱う動物の範囲は、哺乳類、鳥類または爬(は)虫類に属するものに限られています（同項）。

第二種動物取扱業者は、飼養施設を設置して動物の取扱業（動物の譲渡、保管、貸出し、訓練、展示その他）を業として行う者を指します（同法24条の2の2）。第二種動物取扱業者については、都道府県知事への届出が必要となりますが、登録は必要ありません。令和元年の改正で、犬猫等の譲渡しを行う第二種動物取扱業者について、個体に関する帳簿の備付けおよび保存が義務づけられました（同法24条の4第2項）。

以下では、第一種動物取扱業者について説明します。

3　登録事項は多岐にわたる

第一種動物取扱業者は、氏名や名称、住所などのほか、動物取扱責任者の氏名、取り扱う業種の種別に応じた業務内容・実施の方法、主に取り扱う動物の種類や数、飼養施設の構造・規模・管理の方法、その他環境省令で定める事項を登録しなければなりません（動物愛護管理法10条2項）。

その他の環境省令で定める事項としては、①営業の開始年月日、②法人にあっては役員の氏名および住所、③事業所および飼養施設の土地・建物について事業の実施に必要な権原を有する事実、④事業所以外の場所において、顧客に対し適正な動物の飼養および保管の方法等に係る重要事項を説明し、または動物を取り扱う職員の氏名、⑤営業時間が定められています（施行規則2条4項）。

4　登録が拒否されることもある

過去に登録を取り消されたり業務の停止を命じられたりした後一定期間を経ていない場合や、動物愛護管理法等に違反して処罰されたことのある場合などには、登録が拒否されることがありますが、令和元年の改正で、登録拒否事由が追加されています（同法12条）。さらに、登録をした後も、5年ごとに更新する必要があります（同法13条）。また、要件を満たさなくなった場合には、登録が取り消されることがあります（同法19条）。

5 登録をしていることの標識の掲示

第一種動物取扱業者は、事業所ごとに、公衆の見やすい場所に、氏名または名称、登録番号等の事項を記載した標識を掲げなければなりません（動物愛護管理法18条）。この標識には、動物取扱業者の氏名（法人にあっては名称）、事業所の名称および所在地、動物取扱業の種別、登録番号、登録の年月日および有効期間の末日、動物取扱責任者の氏名を記載し、事業所における顧客の出入口から見やすい位置に掲示しなければなりません（施行規則７条）。ペットショップなどにこのような標識が掲げられているか否かが、登録を受けているかどうか（違法なペットショップでないか）の判断材料になります。

6 動物取扱責任者

第一種動物取扱業者は、事業所ごとに、動物取扱責任者を選任しなければなりません（動物愛護管理法22条１項）。その動物取扱責任者は、取り扱う動物の管理方法などについて、研修を受けることが義務づけられています（同条３項、Ｑ３参照）。令和元年の改正で、動物取扱責任者は、動物の取扱いに関し、十分な技術的能力および専門的な知識経験を有する者のうちから選任するものとされました（同条１項）。したがって、ペットショップ等には、必ず、動物の取扱いに詳しい動物取扱責任者がいることになります。

7 勧告や命令、報告や検査

第一種動物取扱業者が一定の基準（動物愛護管理法21条）を遵守していない場合には、都道府県知事から改善など必要な措置をとるように勧告や命令が出されることもあります（同法23条）。必要があれば、報告を求められたり、店内を検査されることもあります（同法24条）。守るべき基準は遵守しなければなりません。

令和元年の改正では、この第一種動物取扱業者が遵守しなければならない基準として、環境省令で定める遵守基準が具体的に明示されることになりました（同法21条２項）。勧告に従わない第一種動物取扱業者について、その旨を公表できる制度が設けられました（同法23条３項）。

平成24年の動物愛護管理法の改正では、第一種動物取扱業のうち犬と猫の販売を行う業者、すなわち「犬猫等販売業者」（同法10条３項）に対しては、次のような事項についての義務が課されています。

①　幼齢個体の安全管理、販売が困難となった犬猫等の扱いに関する犬猫等健康安全計画の策定およびその遵守（同法10条３項・22条の２）

② 飼養または保管する犬・猫等の適正飼養のための獣医師等との連携の確保（同法22条の３）

③　販売が困難となった犬・猫等の終生飼養の確保（同法22条の４）

④　犬・猫等の繁殖業者による出生後56日を経過しない犬・猫の販売のための引渡し（販売業者等に対するものを含む）・展示の禁止（同法22条の５）。

⑤　犬・猫等の所有状況の記録・報告（同法22条の６）

⑥　犬・猫等を販売する際の現物確認・対面説明の義務づけ（同法21条の４）

このうち、令和元年の改正では、④について、「56日」を「49日」と読み替える附則７条が削除されました。また、⑥について、犬・猫の販売場所を事業所に限定することが加わりました（同法21条の４）。

ほかに、第一種動物取扱業者に対して、感染性の疾病の予防措置や、販売が困難になった場合の譲渡などの措置をとる努力義務（同法21条の２・21条の３）を定める規定が設けられています。

8　罰　則

これらの規定に違反して、登録を受けずに動物取扱業を営むなどした場合、100万円以下の罰金を科されることがあります（動物愛護管理法46条）。

Q13　狂犬病予防法はどのようなことを定めているか

狂犬病予防法はどのようなことを規定しているのでしょうか。違反した場合には罰則があるのですか。

▶▶▶ Point

① **犬の飼い主は登録と狂犬病の予防注射をしなければなりません**

② **これを怠った場合には罰金20万円が科されることがあります**

1　目　的

狂犬病予防法１条には、「この法律は、狂犬病の発生を予防し、そのまん延を防止し、及びこれを撲滅することにより、公衆衛生の向上及び公共の福祉の増進を図ることを目的とする」と規定されています。

この法律は、犬のほか、猫その他の動物であって狂犬病を人に感染させる可能性が高いものとして狂犬病予防法施行令で定めるもの（猫、あらいぐま、きつね、スカンク。同法施行令１条）に対しても適用があります（同法２条１項２号）。

2　登　録

狂犬病予防法４条は、犬の所有者は、犬を取得した日（生後90日以内の犬を取得した場合にあっては、生後90日を経過した日）から30日以内に、同法施行規則３条の定めるところにより、その犬の所在地を管轄する市区町村長に犬の登録を申請しなければならないと定めています。また、市区町村長が鑑札を飼い主に交付すること、飼い主はその鑑札をその犬に着けておくこと、その犬が死亡したときは、飼い主は30日以内にその旨を市区町村長に届け出なくてはならないことも規定しています。

この規定に違反すると、20万円以下の罰金が科されることがあります（狂犬病予防法27条1項）。

令和元年の動物愛護管理法の改正により、マイクロチップを装着した犬・猫については、環境大臣の登録を受けなければならないとされました（39条の5第1項）。環境大臣は、犬の所在地を管轄する市区町村長の求めがあるときは、環境省令で定めるところにより、当該市区町村長に環境省令に定める事項を通知しなければならず（同法39条の7第1項）、この通知を受けた場合には、当該通知に係る犬の所有者から狂犬病予防法4条1項の登録申請または同条5項の登録変更の届出があったものとみなされます（動物愛護管理法39条の7第2項）。そして、当該犬に装着されているマイクロチップは、同条2項の規定により市区町村長から交付された鑑札とみなされます（同法39条の7第2項）。このマイクロチップに関する改正規定は、まだ施行されておらず、施行日は、公布の日から起算して3年を超えない範囲内において政令で定める日とされています。

3　予防接種

犬の所有者は、飼い犬について、毎年1回、狂犬病の予防注射をしなければならず、また、飼い主は、注射済票をその犬に着けなければなりません（狂犬病予防法5条）。これに違反すると、20万円以下の罰金が科されることがあります（同法27条2号）。

ところが、わが国では長い間、狂犬病の発症例がなかったせいか、犬を飼っても登録をしない、そして、狂犬病の予防接種をしない飼い主が増えています。

予防接種している割合が7割を下回ると、一気に狂犬病が蔓延する危険性があります。平成18年には、フィリピンで犬に咬まれ日本人が狂犬病に感染したという事例があり、国内では36年ぶりに狂犬病による死亡となりました。

外国では、狂犬病が撲滅されていない国がたくさんあります（Q11参照）。海外で犬に咬まれて狂犬病に感染しないよう、十分な注意が必要です。

治療方法のない狂犬病に対する関心を高め、予防接種については、身近な獣医師に相談してみましょう。

4　獣医師の責任

狂犬病にかかっている犬などを診察した獣医師は、その犬などの所在地を管轄する保健所長にその旨を届け出なければならず（狂犬病予防法8条）、その犬を隔離しなければなりません（同法9条）。これに違反すると、30万円以下の罰金が科されることがあります（同法26条2号・3号）。

Q14 環境大臣の基本指針

平成17年の動物愛護管理法の改正に伴い、環境大臣の基本指針が示されたと聞きました。それは、どのような内容のものですか。

▶▶▶ Point

① 環境大臣は、具体的な内容をもつ基本指針を定めました

② 基本指針では、５つの課題を掲げています

1 環境大臣による基本指針の制定

環境大臣は、平成17年に改正された動物愛護管理法（５条）を受けて、「動物の愛護及び管理に関する施策を総合的に推進するための基本的な指針」（以下、「基本指針」といいます）を、平成18年10月31日に公表しました。

この基本指針は、動物の愛護および管理に関する行政の基本的方向性および中長期的な目標を明確化し、計画的・統一的な施策の遂行等を目的としています。平成17年の動物愛護管理法の改正後、国などの行政機関がどのように動物の愛護と管理の精神を実現していくかについて掲げた指針です。環境省では、ホームページで、どのような基本指針にしたらよいか、国民から意見を募りました。その結果を踏まえて作成された基本指針ですから、国民の意見や要望も反映されているのです。平成24年の動物愛護管理法改正を踏まえて、平成25年８月30日に基本指針の内容が一部改正されました。

都道府県ではこの基本指針に即して、地域の実情に応じ「動物愛護管理推進計画」を策定しています（動物愛護管理法６条）。東京都では、平成19年４月に、基本指針を受けて新しい動物愛護管理推進計画を発表しました。この中で、「家族の一員から地域の一員へ」をキーワードとして打ち出し、①飼い主の社会的責任の徹底、②事業者の社会的責任の徹底、③地域の取組みへの支援、④致死処分数減少への取組み、⑤都民と動物との安全の確保、の5つの課題をあげています。

2 基本指針の内容・項目

基本指針では、①動物の愛護および管理の基本的な考え方、②今後の施策展開の方向、③動物愛護管理推進計画の策定に関する事項、④基本指針の点検および見直しの4項目について規定されています。以下で、それぞれの内容について解説していきます。

(1) 動物の愛護および管理の基本的な考え方(1)――動物の愛護

基本指針では最初に、動物に対する愛護の指針を、次のように規定しています。

> 動物の愛護の基本は、人においてその命が大切なように、動物の命についてもその尊厳を守るということにある。動物の愛護とは、動物をみだりに殺し、傷つけ又は苦しめることのないよう取り扱うことや、その習性を考慮して適正に取り扱うようにすることのみにとどまるものではない。人と動物とは生命的に連続した存在であるとする科学的な知見や生きとし生けるものを大切にする心を踏まえ、動物の命に対して感謝及び畏敬の念を抱くとともに、この気持ちを命あるものである動物の取扱いに反映させることが欠かせないものである。
>
> ……人を動物に対する圧倒的な優位者としてとらえて、動物の命を軽視したり、動物をみだりに利用したりすることは誤りである。

ここでは動物への愛護の精神が示されており、意味深く哲学的に思えるような内容となっています。動物愛護の精神は、溺愛とは違う、猫可愛がりすることとは違うのです。飼育される動物の幸せをも十分に考えなければなりません。ペットの欲しがるままに餌を与えて肥満にさせたりして、ペットの健康を害してはいけないのです。

(2) 動物の愛護および管理の基本的な考え方(2)――動物の管理

また、動物に関する管理の指針については、次のように定めています。

> 人と動物とが共生する社会を形成するためには、動物の命を尊重する考え方及び態度を確立することと併せて、動物の鳴き声、糞尿等による迷惑の防止を含め、動物が人の生命、身体又は財産を侵害することのないよう適切に管理される必要がある。
>
> ……所有者がいない動物に対する恣意的な餌やり等の行為のように、その行為がもたらす結果についての管理が適切に行われない場合には、動物による害の増加やみだりな繁殖等、動物の愛護及び管理上好ましくない事態を引き起こす場合があることについても十分に留意する必要がある。
>
> ……動物の所有者又は占有者（以下「所有者等」という。）は、自分が第三者に対する加害者になり得ることについての認識がややもすると希薄な傾向にあるが、すべての所有者等は加害者になり得るとともに、すべての人が被害者にもなり得るものであるという認識の下に、所有者等は、動物を所有し、又は占有する者としての社会的責任を十分に自覚して、動物による人の生命、身体又は財産に対する侵害を引き起こさないように努めなければならない。

ここでは、動物の管理者としての飼い主の責任の基本的な考え方が示されています。他の人に害を加える可能性のある動物に無責任に餌を与えることの不当性も示しています。飼い主には、動物が他人に損害を加える危険性があることを十分に自覚する必要があるといえます。

⑶　動物の愛護および管理の基本的な考え方⑶――国民的合意形成

さらに、国民的合意形成に関する指針も示しています。

すなわち、国民が動物に対して抱く意識および感情は千差万別であることを前提に、「個々人における動物の愛護及び管理の考え方は、いつの時代にあっても多様であり続けるものであり、また、多様であって然るべきものであろう。しかし、万人に共通して適用されるべき社会的規範としての動物の愛護及び管理の考え方は、国民全体の総意に基づき形成されるべき普遍性及び客観性の高いものでなければならない」等と定めています。

⑷ 今後の施策と展開の方向

今後の取組みとして、①普及・啓発、②適正飼養の推進による動物の健康と安全の確保、③動物による危害や迷惑問題の防止、④所有明示（個体識別）措置の推進、⑤動物取扱業の適正化、⑥実験動物の適正な取扱いの推進、⑦産業動物の適正な取扱いの推進、⑧災害時対策、⑨人材育成、⑩調査研究の推進、の10項目を掲げています。そして、関係機関等は、これらの施策について、令和5年度までにその実施が図られるように努めるものとしています。

⑸ 動物愛護管理推進計画の策定に関する事項

基本指針を受けて、都道府県では「動物愛護管理推進計画」を立てることになります。

⑹ 動物愛護管理基本指針の点検・見直し

環境省は、毎年、基本指針の達成状況を点検し、その概要を公表します。

令和2年1月現在、基本方針の改正に向けて、「ペットの飼養は、国民に心豊かな生活をもたらすとともに、高齢者の健康寿命の延伸にもつながるといった人と動物の関係を考える新たな視点にも留意して、人と動物の共生する社会の将来ビジョンを形成していく」、「日本人の動物観の特質や海外との違いも踏まえ、人と動物の共生する社会の実現に向けた将来ビジョンの形成を目指していくためには、人と動物の関係について、丁寧な議論の積み重ねが重要である」などの内容を新たに盛り込んだ骨子案が公表されています。

Q15 ペットフードに関する法律

ペットフードに関する法律があると聞きましたが、どのようなことが規定されているのですか。

▶▶▶ Point

① ペットフードに関する法律が平成20年にできました

② 原産国などの５項目について表示義務が課せられました

1 法の成立の経緯

人の食べ物について規制をする食品衛生法は、ペットフードには適用がありません。人が口にする牛、豚や鶏などの動物の飼料に関する飼料安全法（正称は、「飼料の安全性の確保及び品質の改善に関する法律」）は、犬や猫等のペットを対象としていません。そのため、以前はペットのフードそのものについての法律による規制はありませんでした。

ところで、ペットフードをペットが食べて体調を崩したりしたら大問題です。飼い主は、ペットフードの製造・加工業者や輸入業者に対して、製造物責任（製造物責任法３条）を問うことができます。しかし、可愛いペットが体調を崩した後に業者に対して責任追及をしても手遅れです。

そのような状況の中、平成19年３月、米国・カナダにおいて、有害物質（メラミン）が混入したペットフードが原因となって、多数の犬および猫が死亡する事件が発生しました。その後、メラミンが混入したペットフードが、わが国で並行輸入され販売されていたことが判明しました。幸か不幸か実害の報告こそありませんでしたが、このような問題が生じたときに行政が強制力を行使して立入調査などを行う法的根拠が存在しないという課題が浮き彫りとなりました。そこで、農林水産省および環境省が合同で、有識者による「ペットフードの安全確保に関する研究会」を設置しました。平成20年3月に農林水産省と環境省の共管で「愛がん動物用飼料の安全性の確保に関する法律」(ペットフード安全法)の案が国会に上程され、同年6月11日に成立し、同月18日に公布されました。

海外での事件発生後、約1年3カ月で新法が成立したことになります。

2 ペットフード安全法の内容

⑴ 対象となるペットフード

ペットフード安全法の対象となるのは、「愛がん動物用飼料」です(同法2条2項)。ここでいう「愛がん動物」とは、犬および猫のことをいいます(同条1項、同法施行令1条)。したがって、現在のところ、この法律の対象となるのは、犬・猫用のペットフードに限られるということになります。

⑵ 内　容

ペットフード安全法には次のような事項が規定されています。

① 販売される犬および猫用ペットフードには、ⓐ名称、ⓑ原材料名、ⓒ賞味期限、ⓓ製造業者等の名称または住所、ⓔ原産国名の表示が義務づけられます(同法5条、愛玩動物用飼料の成分規格等に関する省令別表3)。

② ペットフードの輸入業者と製造業者には、届出の義務が課されます(同法9条)。

③ ペットフードの輸入業者・製造業者・販売業者(小売業者は除きます)には、輸入・製造・販売の記録を残すために、帳簿の備付け義務が課されます(同法10条)。

④ 有害な物質などが混入したペットフードが流通するなどした場合には、農林水産大臣および環境大臣が、製造業者・輸入業者・販売業者に対し、廃棄・回収などの必要な措置をとるよう命ずることができるようになりました(同法8条)。

⑤　農林水産大臣または環境大臣は、問題が起きた場合などに、ペットフードの製造業者等から必要な報告の徴収や立入検査等を行うことができます（同法11条・12条）。また、独立行政法人農林水産消費安全技術センターに立入検査等を行わせることもできます（同法13条）。

ペットフード安全法の規制は主にペットフードの生産者側に向けられており、行政からの統制に根拠を設ける色彩が濃いように思えます。

3　ペットフード業界の自主規制

ペットフード安全法の制定により、ペットフードの安全性は向上したことでしょう。ところで、ペットの飼い主が最も関心をもつのは、表示義務の内容・詳細さではないでしょうか。表示内容については、この法律が制定される前から、ペットフード業界で自主的に規制を設けて詳細に決めていました。今回、法律により表示が義務づけられたのは、そのうちの特に重要な項目についてだけです。販売されているペットフードの表示は、法令で規定された５項目以上のことが多いでしょう。これは、業界の自主規制のおかげです。

業界団体の主なものとしては、一般社団法人ペットフード協会、ペットフード公正取引協議会などがあります。また、特に表示に関しては、平成22年に、公正取引委員会・消費者庁が、ペットフードの表示に関する公正競争規約を定め、法令に定められた５項目のほかに、「ペットフードの目的」「内容量」「給与方法」「成分」についても表示を義務づけ、違反に対しては100万円の違約金を課すなどの措置を講じることができると定めています。

ペットのために、表示項目を丹念に読み、より適切なペットフードを購入しましょう。食物に対するアレルギー体質の有無の検査もしておくとよいでしょう。

コラム⑤　アメリカのペット事情

アメリカでは、67％の世帯、約8500万戸の家庭が、少なくとも１匹のコンパニオンアニマルを飼っており、約6300万匹の犬、約4300万匹の猫、約600万羽の鳥、その他の約2500万匹の動物が家庭で飼われているといわれています（アメリカペット製品製造協会 The American Pet Products Manufactures Association)。

一方、飼い主の無責任な飼育により、出産によって、年間1000万匹の犬や猫が不要とされ、施設で殺処分されています。何百万もの飼い主のいない動物が短く、過酷な生活を送り、死亡しています。アメリカの多くの動物保護団体は、飼い主がペットに出産させるにあたっては、慎重にその一生の長さを考えるべきであり、避妊や虚勢も積極的に進めるべきとしています。また、新たにペットを飼いたい人は、ペットショップやブリーダーから購入するのではなく、シェルターや保護団体から引き取ることが望ましいと訴えています。

また、日本と同様に、アメリカでも、ペットフードの品質は問題となっています。アメリカでは、食品医薬品局（FDA：Food and Drug Administration）という行政機関が、食品や医薬品等の許可や違反品の取締りなどを行っており、犬や猫のフードやスナックなどの規制も取り扱っています。食品・薬品・化粧品に関する法（The Federal Food, Drug and Cosmetic Act）では、すべての動物のための食品は、人間のものと同様に安全で清潔な状況下で生産され、有害物質を含まず、真実に基づいた表示がされることを要求しています。しかし、ペットフードが市場に出る前に、FDA の認可が必要とされているわけではありません。ただ、ペットフードに使われている成分が、安全で適正な機能を果たすことを確保するようにはしているようです。肉や穀物といった成分の多くは安全と考えられており、市場に出る前の認可は必要とされていません。ミネラル、ビタミンや他の栄養素、香味料、保存料などは、予定された使用については一般的に安全と考えられていますが、そうでないものは食品添加物として事前の認可を受けなければなりません。着色料についても、認可を受けなければならない使用法がリスト化されています。

このような規制はあるものの、残念ながら、多くのペットフードは、低い品質で潜在的に危険な物質を含んでいる、人間の消費に適さない物質、廃棄物で作られているという指摘もあるようです（以上について、http://www.bornfreeusa.org/facts.php?p=445&more=1 および http://www.fda.gov/AnimalVeterinary/Products/AnimalFoodFeeds/PetFood/default.htm 参照）。

Q16 ペット条例とはどのようなものか――飼い主の責任

飼い主の責任を知りたくて、動物愛護管理法の規定を見ましたが、内容が抽象的なように思います。ペットの飼い主の責任を具体的に規定した法規はありますか。東京都にもペット条例というものがあるそうですが、そもそも、ペット条例とはどのようなものですか。また、飼い主の責任としてどのようなことが定められているのですか。

▶▶▶ Point

① **条例とは、国ではなく、都道府県などの地方自治体が制定した法規範**

② **条例では、地方の特徴に合わせた柔軟な規定を置くことができます**

1 ペット条例

ペット条例とは、都道府県や市町村などの地方自治体が制定した、ペットに関するルールの総称といえるでしょう。ほとんどの都道府県でペット条例が制定されています。しかし、「ペット条例」という名前の条例はありません。東京都を例にとると、いわゆるペット条例と呼ばれているものは、正確には「東京都動物の愛護及び管理に関する条例」といいます。

2 最新のペット条例を確認しましょう

令和元年の動物愛護管理法の改正を踏まえて、各自治体で多くのペット条例の改正が行われていると考えられますので、自分が住んでいる自治体の最新の情報を確かめる必要があります。

ここでは、東京都ペット条例（令和元年改正版）を例にとって、条例で定められている飼い主の責任について解説しますが、他の道府県でもほぼ同様の内容の条例が制定されています。

3　東京都ペット条例で定められた飼い主の責任

東京都ペット条例を例にとると、次のようなことが定められています。

⑴　目　的

目的として、「この条例は、動物の愛護及び管理に関し必要な事項を定めることにより、都民の動物愛護の精神の高揚を図るとともに、動物による人の生命、身体及び財産に対する侵害を防止し、もって人と動物との調和のとれた共生社会の実現に資することを目的とする」（１条）と定めています。

⑵　都民の責任

４条には、都民の責務が規定されています。すなわち「都民は、人と動物との調和のとれた共生社会の実現に向けて、動物の愛護に努めるとともに、都が行う施策に協力するよう努めなければならない」とされています。

飼い主の責任については、５条で規定されています。すなわち、一般的な責務として、「飼い主……は、動物の本能、習性等を理解するとともに、命あるものである動物の飼い主としての責任を十分に自覚して、動物の適正な飼養又は保管をするよう努めなければならない」と定められています。また、同条２項では、周辺環境に配慮し、近隣住民の理解を得られるよう心がけるよう努めなければならないとしています。ですから、鳴き声のうるさいペットを飼うことで、隣人に迷惑をかけてはいけないのです。同条３項では、「動物の所有者は、動物がみだりに繁殖してこれに適正な飼養を受ける機会を与えることが困難となるようなおそれがあると認める場合には、その繁殖を防止するため、生殖を不能にする手術その他の措置をするよう努めなければならない」として、繁殖に対する制限を責務としています。同条４項では、「動物の所有者は、動物をその終生にわたり飼養するよう努めなければならない」とし、同条５項では、「動物の所有者は、動物をその終生にわたり飼養することが困難となった場合には、新たな飼い主を見つけるよう努めなければならない」と、無責任な飼い方をしないようにと定められています。

(3)　動物を選択する際の注意点

また、6条では、「飼い主になろうとする者は、動物の本能、習性等を理解し、飼養の目的、環境等に適した動物を選ぶよう努めなければならない」と定め、可愛さゆえの衝動買いをしないようにと警告しています。

(4)　飼い主の遵守事項

さらに、7条では、動物飼養の遵守事項として、飼い主は、動物を適正に飼養し、または保管するため、次に掲げる事項を守らなければならないと規定しています。

①　適正に餌および水を与えること
②　人と動物との共通感染症に関する正しい知識をもち、感染の予防に注意を払うこと
③　動物の健康状態を把握し、異常を認めた場合には、必要な措置を講ずること
④　適正に飼養または保管をすることができる施設を設けること
⑤　汚物および汚水を適正に処理し、施設の内外を常に清潔にすること
⑥　公共の場所並びに他人の土地および物件を不潔にし、または損傷させないこと
⑦　異常な鳴き声、体臭、羽毛等により人に迷惑をかけないこと
⑧　逸走した場合は、自ら捜索し、収容すること

たとえば、旅行などで自宅を長期間留守にしてペットを飢えさせてはいけない、共通感染症に関する勉強をしなければならない、健康の異常をみつけたら動物病院で診察を受けさせなければならない、窮屈な檻（おり）に入れっぱなしにしてはならない、糞尿まみれにして放置してはならない、散歩中に糞をしたら拾わなければならない、逃げ出したらすぐに探しにいかなくてはならない、ということになるでしょう。これらの義務に違反しても罰則があるわけではありませんが、飼い主の責務として十分に理解しておく必要があります。

Q17 ペット条例における飼い主に対する規制の具体的内容と違反した場合の責任

東京都ペット条例には、特に猫や犬を飼っている飼い主に対する具体的な規制はありますか。それに違反した場合、飼い主にはどのような責任が生じるのでしょうか。また、そのほかにはどのような規定がありますか。

▶▶▶ Point

① **飼い主は、ペットがみだりに繁殖することを防止するため、必要な措置を講ずるよう努めなければなりません**

② **公園で犬をノーリードで遊ばせていると、拘留または科料に処せられる可能性があります**

1 猫の飼い主の遵守事項

東京都ペット条例では、猫の所有者に対して次のような遵守事項が定められています（同条例8条）。

> 猫の所有者は、……猫を屋外で行動できるような方法で飼養する場合には、みだりに繁殖することを防止するため、必要な措置を講ずるよう努めなければならない。

したがって、猫の飼い主としては、事実上、避妊・去勢手術などが必要となるでしょう。

2 犬の飼い主の遵守事項

特に、犬の飼い主に対しては次のように詳細な遵守事項が定められています（東京都ペット条例９条１号）。

> 一　犬を逸走させないため、犬をさく、おりその他囲いの中で、又は人の生命若しくは身体に危害を加えるおそれのない場所において固定した物に綱若しくは鎖で確実につないで、飼養又は保管をすること。ただし、次のイからニまでのいずれかに該当する場合は、この限りでない。
> イ　警察犬、盲導犬等をその目的のために使用する場合
> ロ　犬を制御できる者が、人の生命、身体及び財産に対する侵害のおそれのない場所並びに方法で犬を訓練する場合
> ハ　犬を制御できる者が、犬を綱、鎖等で確実に保持して、移動させ、又は運動させる場合
> ニ　その他逸走又は人の生命、身体及び財産に対する侵害のおそれのない場合で、東京都規則……で定めるとき。

すなわち、犬を飼うときは、基本的に檻などに入れるか、固定物につないで安全な場所で飼うことが必要になります。

散歩させるときは、突然犬が走り出したり、吠え出したりしても十分にコントロールできるだけの体力のある人が、綱や鎖で確実に保持していなければなりません。公園などでリードをつけずに遊ばせることは、この規定に反することになります。

これらの規定に違反して犬を飼養した者は、「拘留又は科料」が科されることがあります（東京都ペット条例40条）ので、十分に注意しましょう。

その他、犬に運動させること、しつけをすること、犬を飼っていることを玄関などの出入口に表示することも遵守事項として定めています（東京都ペット条例９条２号～４号）。

3　特定動物、過去に咬みついたことのある犬の飼い主の責任は重い

動物愛護管理法の定める特定動物（Q５参照）や、過去に人に咬みついたことのある犬の飼い主の遵守事項はより重く、「特定動物等の行動に常に注

意を払うとともに、定期的に施設等を点検すること」、そして、「地震、火災等の非常災害時における特定動物等を逸走させないための対策を講じておくこと」と定められています（東京都ペット条例10条）。

このように、東京都ペット条例においては、ノーリードで散歩させてはいけないこと、違反すると罰則があることを含め、飼い主として、守らなくてはならないことが数多く規定されています。

ペット条例は、各自治体で内容が異なります。自分の住んでいる地区のペット条例にどのような規定があるか、一度確認しておく必要があるでしょう。

4 その他の諸規定

東京都ペット条例では、飼い主の責任（Q16参照）以外の規定として次のようなものがあります。

① 動物取扱業の登録をしようとする者に関する規定（第一種について13条以下、第二種について16条の2以下）

② 特定動物の飼養または保管の許可を受けようとする者に関する規定（17条以下）

③ 犬や猫の飼い主から、引取りを求められた場合、理由があるときは東京都がこれを引き取ること（21条）

④ 逃げ出した犬がいるときには、東京都の職員が収容できること（22条）

⑤ 迷子の犬猫で所有者のわからない場合は、東京都が収容すること（23条）

⑥ 迷子の犬猫を収容したら、2日間公示すること、そして引取りがない場合は東京都が処分できること（24条、Q9参照）

⑦ 特定動物が逃げ出したときは、直ちに東京都および警察に通報しなければならないこと（28条、違反者には5万円以下の罰金があります（39

条))

⑧　犬が人に咬みついたときは、飼い主は24時間以内に東京都へ届け出ること（届出をせず、または虚偽の届出をした者には、拘留または科料の罰則が科されます（40条２号））、そして、48時間以内に狂犬病に関して獣医師に診てもらうこと（獣医師に検診させなかった者には、５万円以下の罰金の刑罰が科されます（39条２号）（29条）

5　東京都のなしうる措置命令

東京都のなしうる措置命令として、東京都ペット条例30条は、東京都知事は、動物が人の生命・身体・財産を侵害したとき、または侵害するおそれがあると認めるときは、当該動物の飼い主に対し、次に掲げる措置を命ずることができるとしています。

①　施設を設置し、または改善すること

②　動物を施設内で飼養し、または保管すること

③　動物に口輪を付けること

④　動物を殺処分すること

⑤　①～④のほか、必要な措置

すなわち、飼い主は、動物を適切に管理していないと、東京都から「動物を殺すように」と命令されることもありうるのです。この命令に従わないと、１年以下の懲役または30万円以下の罰金が科されることがあります（東京都ペット条例37条。なお、①～③に関する命令違反については同条例39条３号により５万円以下の罰金が科されることがあります）。

Q18　行政機関の役割

　繁華街のペットショップで夜の９時頃まで犬や猫の販売を続けている店があります。ペットショップの営業は午後８時までに制限されたと聞いていました。また、生後８週間になっていない子犬や子猫が販売されているようです。行政機関で取り締まることはできないのでしょうか。

▶▶▶ Point

①　ペットショップの営業時間は午後８時までとされています

②　行政機関は、違反業者に対し、改善の勧告や命令をすることができます

1　営業時間の制限

　ペットショップは動物の販売や展示を行っているので、登録が必要な第一種動物取扱業に属します（Q12参照）。平成24年に施行規則の一部が改正され、ペットショップでの犬・猫の展示・販売は午前８時から午後８時までに制限されました（同規則８条４号本文）。深夜までの営業は、犬・猫に酷であること、酒に酔った気分での衝動買いを誘発しやすいこと等の批判があったために改正されたものです。

　この規制は、猫との触れ合いの場を設ける、いわゆる猫カフェについても当てはまります。ただし、猫カフェについては、猫の夜行性という習性や来店客の利便性に配慮して、平成28年に施行規則が改正され、１歳以上の猫で休息できる設備（顧客等との接触、顧客等の視線および照明・音響にさらされている状態から避けることが可能であって、成猫が十分に休息可能な場所または設備）に自由に移動できる状態（休息できる場所または設備に当該成猫が自由に移動し、休息をとることができるような状態が確保されている状態）で展示されている場合に限り、午後10時まで営業を続けることができるとする例外が設けられました（施行規則８条４号ただし書）。

2 出生後56日（8週）を経過しない犬または猫の販売等の制限

犬猫等販売業者のうち、販売のように供する犬または猫の繁殖を行う者については、出生後56日を経過しない犬または猫を販売等してはならないとされています（動物愛護管理法22条の５）。

平成24年の改正では、附則７条により、この「56日」について、平成28年８月31日までは「45日」、同年９月１日から別に法律で定める日までは「49日」と読み替えるという経過措置が設けられました。

しかし、令和元年の改正では、この附則７条が削除され、条文の規定どおり、８週齢規制が実施されることになりました。

ただし、文化財保護法の規定により天然記念物として指定された犬６種（柴犬、紀州犬、四国犬、甲斐犬、北海道犬、秋田犬）については、例外的に49日（７週）規制とされています（附則２条）。

この週齢規制に関する改正規定は、公布の日から起算して２年を超えない範囲内において政令で定める日に施行されます。

3 違反業者に対する改善勧告・命令

午後９時まで犬や猫の販売をしている業者や出生後56日を経過していない犬や猫を販売している業者があるとすれば、それは、動物愛護管理法違反となります。同法23条１項により、都道府県知事は、第一種動物取扱業者が基準を遵守していないと認めるときは、その者に対し、期限を定めて、その取り扱う動物の管理の方法等を改善すべきことを勧告することができます。業者がその勧告を無視したときは、期限を定めて、その勧告にかかる措置をとるべきことを命ずることもできます（同条3項）。令和元年の改正により、この勧告および命令については、原則として、3カ月以内の期限を設けて行うものとなりました（同条5項）。業者がこの命令にも従わないときは、業務を一定期間停止させ、さらに登録を取り消すことができます（同法19条1項6号）。

また、勧告に従わない第一種動物取扱業者については、その旨を公表することができる制度も設けられました（同法23条3項）。

さらに、命令に従わなかった者に対しては、100万円以下の罰金という罰則もあります（動物愛護管理法46条）。平成24年の改正により、罰金の額が従来の30万円から100万円に引き上げられています。

令和元年の改正により、これらに加えて、第一種動物取扱業者の登録を取り消された場合等においては、その者に対し、当該取消し等の日から2年間は、動物の不適切な飼育または保管による動物の健康および安全が害されること並びに周辺の生活環境の保全上の支障が生ずることを防止するために、勧告、命令、報告の徴収および立入検査を行うことができるようになりました（同法24条の2）。これによって、動物取扱業者の登録取消し後も、違反業者を監督することが可能となりました。

コラム⑥　動物保護団体等の役割

動物保護団体には、いろいろな活動をしている団体があります。

犬や猫の新たな飼い主を探している団体、シェルターを持ち動物保護活動をしている団体、パネル展など動物愛護の啓発活動をしている団体など活動はいろいろです。

動物保護団体の中には、動物のための法制定や行政への働きかけなどを中心に活動している団体もあります。動物愛護管理法改正の際は、このような団体がロビー活動をしたり、シンポジウムや勉強会の開催、提言をするなど動物たちのために声をあげました。改正後も、その実効性の検討や、新たな立法への提言、海外の動物愛護法令の研究などをしています。

平成24年改正後の動物愛護管理法24条の２では、飼養施設を設置して動物の取扱業（動物の譲渡し、保管、貸出し、訓練、展示など）を行おうとする者は、氏名または名称、住所などの事項を都道府県知事に届け出なければならない旨を定めました。飼養施設をもつ場合など、動物保護団体もこれらの条件に当てはまる場合には、届出が必要になります。

また、動物保護団体とは異なるかもしれませんが、法学者、弁護士、獣医師、動物愛護団体等で結成したペット法学会（平成10年11月１日設立）という学会があります。ここでは、毎年11月にシンポジウムを開くなどし、ペットをめぐる法律問題を研究・発表しています。

動物愛護管理法38条では、「動物愛護推進員」という、行政から委嘱を受けて活動する民間ボランティアの制度が設けられています。行政にはできない日々のソフトな対応として、普及・啓発活動などの場面で、動物愛護推進員に活躍してもらいたいところです。しかし、実際には動物愛護推進員を活用している自治体の数はまだ少なく、せっかく設置しても予算も研修もないというところもあるようでした。そのため、令和元年の改正では、動物愛護推進員の委託が努力義務とされました（同条１項)。これにより、動物愛護精神のある人の採用が進み、制度が活用されるようになってほしいものです。

１人でも動物のためにできることはありますが、仲間がいれば活動の幅も広がっていきます。興味がある団体があれば、ぜひのぞいてみてください。

Q19 特徴的なペット条例

各自治体で、特徴のある条例を制定している例はありますか。あれば、どのようなものか教えてください。

▶▶▶ Point

① 各地の地方自治体では地域の特性に合わせた条例を制定しています

② 住んでいる地域に特殊な条例がないかどうか確認してみましょう

1 地方自治体の条例

Q16で紹介した東京都ペット条例のほか、都道府県ごとに、特色のあるペット条例を規定しているところもあります。

たとえば、「茨城県動物の愛護及び管理に関する条例」では、人に危害を加えるおそれのある犬を「特定犬」と定め、特定犬は檻(おり)の中で飼養しなくてはならないとしています（2条5項・6項)。そして、同条例施行規則3条によると、「特定犬」として、「秋田犬、土佐犬、ジャーマン・シェパード、紀州犬、ドーベルマン、グレート・デーン、セント・バーナード及びアメリカン・スタッフォードシャー・テリア」が定められています。

人に危害を加えるおそれがあることを理由に、特定の犬種の飼い主に檻の中で飼うことを義務づける特徴のある条例です。この地域でこれらの犬種を飼う場合は、檻に相当する施設を用意することが必要となりますから、購入や引越しの際には十分に注意しましょう。

2 市のレベルで制定された規制

都道府県レベルよりも狭い行政単位で、より地域に密着した規制を制定しているところもあります。

たとえば、栃木県鹿沼市では、「ペットの管理及びペット愛護等施設の設置に関する条例」を制定しており、その12条では、「ペット愛護等施設」を設置しようとする者は、あらかじめ市長の許可を受けなければならないとし、13条では、12条の許可を受けようとする者は、設置しようとするペット愛護等施設の敷地の周囲100m 以内に住宅、公園、学校、保育所、病院、診療所その他の公共施設があるときは、事前に、当該住宅等の代表者の３分の２以上の同意を得るよう努めなければならないと規定しています。

ペットに関係する施設を設ける場合は、近隣住民に迷惑をかけるおそれがあるので、市長の許可のうえに、さらに近隣住民の同意が必要とされているのでしょう。周囲100m とはかなり広い範囲です。３分の２以上の同意が得られるよう、迷惑のかからない施設づくりを計画する必要があります。

小笠原村では、環境衛生の保持並びに自然環境の保全を目的として、「飼いネコ適正飼養条例」を設け、猫に関する登録制度などを実施しています。この条例の３条では、次のように定めています。

> 1　飼い主は、ネコ飼養の旨を小笠原村長（以下「村長」という。）に届出、飼養登録申請をしなければならない。
> 2　村長は、前項の飼養登録申請があつた場合、届出の飼いネコに対しマイクロチップを装着すると共に飼い主に飼養登録証並びに首輪、ペンダント及び飼養表示票（以下「登録用品」という。）を交付しなければならない。
> 3　飼い主は、交付された登録用品を、村長が別に定める小笠原村規則に従つて装着及び貼付等をしなければならない。

東京都荒川区では「良好な生活環境の確保に関する条例」を定め、カラスや野良猫などに対する餌やりを禁じています。この条例の５条では「区民等は、自ら所有せず、かつ、占有しない動物にえさを与えることにより、給餌による不良状態を生じさせてはならない」と定めています。カラスや野良猫が増えることを防ぐためでしょう。

京都市は、「京都市動物との共生に向けたマナー等に関する条例」を定め、この条例の4条3号で、京都市が野良猫に対する適切な給仕（給水を含む）に係る活動を支援することを定め、「京都市まちねこ活動支援事業」などの支援を行っています。しかし、他方では、9条で、不適切な給餌の禁止について定めており、不適切な給餌に起因して周辺の住民の生活環境に支障が生じていると認めるときは、市長は、勧告や命令を出すことができ（同条例10条）、かかる命令に違反した者については、5万円以下の過料に処するとの罰則が規定されています（同条例14条1号）。

Q20　ペットの飼い主はどのような法的責任を負うか

動物の占有をする者の責任について定めた法律上の規定があると聞きました。どの程度の責任が飼い主に生じるのでしょうか。責任を免れることはできますか。被害者の側にも落ち度があるときはどうなりますか。

▶▶▶ Point

① **ペットの飼い主にはペットが与えた損害を賠償する責任が生じます**

② **相当な注意をもって管理をしないと賠償責任を免れることはできません**

1　民法718条——動物占有者の責任

私生活の基本を定めた民法の718条で、動物の占有者に関する責任を定めた条文があります。すなわち同条１項は「動物の占有者は、その動物が他人に加えた損害を賠償する責任を負う」と定めています。また、「占有者に代わって動物を管理する者」も同様に責任を負います（同条２項）。つまり、原則として、動物の飼い主は、飼っている動物が咬みつくなどして他人に損害を与えたときは、それによって生じた損害を賠償しなくてはなりません。また、飼い主だけでなく、飼い主から散歩を頼まれた人や預かって保管している人も含まれることになるのです。

ただし、民法718条１項ただし書は「動物の種類及び性質に従い相当の注意をもってその管理をしたときは、この限りでない」と定めて、免責される例外を定めています。つまり、飼い主側で、その動物の種類・性質に応じた注意を払っていることを立証した場合には、責任を免れることができることになります。もっとも裁判所は、この「相当の注意を払った」という主張をなかなか認めてくれません。ですから、事実上、無過失責任に近い、動物の管理者にとって、とても厳しい規定となっています。

2 具体例

この民法718条が問題となる具体的な例としては、いろいろなことが考えられます（Q44以下参照）。

たとえば、飼育している犬を散歩させている途中、他の散歩中の犬と吠え合い、自分の飼育している犬が相手の犬を咬んで死亡させた場合、他の犬が咬まれて死亡したのですから、死亡した犬に関する損害の賠償をしなくてはなりません。飼育している猫が、外へ遊びに行き、隣の家の花瓶を壊したときも、賠償しなければならなくなります。飼育している犬が、近づいてきた子ども咬み殺してしまったようなときは、両親の精神的苦痛に対する慰謝料、その子どもの逸失利益などを含めて、相当高額な損害賠償をしなければならないでしょう。

また、そのような民事上の責任のほかに、刑事上の責任が問われる可能性もあります（Q53参照）。

3 相当な注意を払ったとして免責される場合

民法718条１項ただし書の規定によれば、動物の種類・性質に従い相当の注意をもってその管理をしたときは、飼い主は責任を負わなくてよいことになります（すなわち、免責されます）。ところが、前に述べたように、実際の判例では、この免責をほとんど認めていません。咬傷事案を例にとると、手綱を短く持って散歩させていたとき、通行人のほうから犬に近づき、飼い主が「咬むかもしれないので手を出さないでください」、「近づかないでください」と再三忠告し、犬を後方へ引き寄せたにもかかわらず、通行人が犬のことを叩いたり小突いたりしたため、犬が防衛のために通行人の手を咬んだような場合には、相当の注意が図られたと認められることでしょう。

4　被害者側に過失のある場合――過失相殺

被害を受けた側にも過失がある場合があります。その場合、被害者側の過失が考慮されて、損害賠償額が、被害者側の過失割合に従って減額されることがあります（過失相殺、民法722条２項）。

たとえば、ある人が、ある家の門につながれている犬に近づいたところ、その犬が怒ってその人の手を咬んだとします。通行人が近寄ることのできる場所である家の門に犬をつないでいたのですから、飼い主に責任が生じ、被害者に生じた損害（被害者が負担した治療費、通院交通費や被害者が被った休業損害等）を賠償することになります。しかし、被害者が、酔った勢いで、犬にチョッカイをだし、そのことに驚いた犬が威嚇のために咬みついたのであれば、その損害が発生したことについて、被害者のほうにも過失があることになりますから、過失相殺を認めることができます。仮に被害者に３割の過失責任があるとすれば、損害賠償額について、加害者は、損害額の７割分だけを支払えばよいことになります（Q44参照）。

コラム⑦　ウイスキーキャット

犬や猫は、人間の生活と切っても切り離せない存在です。犬は番犬や狩猟犬として役立ってきました。猫もネズミを退治することで知られています。

スコットランドのアイラ島ポウモア蒸留所のウイスキーキャット(愛称スモーキー)(撮影・渋谷寛)

スコッチウイスキーの蒸留所では、原料となる大麦麦芽をネズミや鳥による被害から守るために、昔から猫を飼ってきました。蒸留所で飼われている猫を「ウイスキーキャット」と呼んでいます。スコッチウイスキーを生産するスコットランド（英国ブリテン島北部）で最も古い蒸留所とされているグレンタレット蒸留所（創業1775年、商業都市パースの西20kmに位置する）には「タウザー」(1987年3月20日没）という有名な猫がいました。23年11カ月の生涯で、2万8899匹のネズミを捕獲し、ギネスブックにも登録されました。エリザベス女王と同じ誕生日でもあり、バッキンガム宮殿から手紙をもらったこともあります。しかし最近は、衛生面などの理由から、蒸留所の生産施設内で猫を飼うことは禁じられています。

第2章

ペットをめぐる取引のトラブル

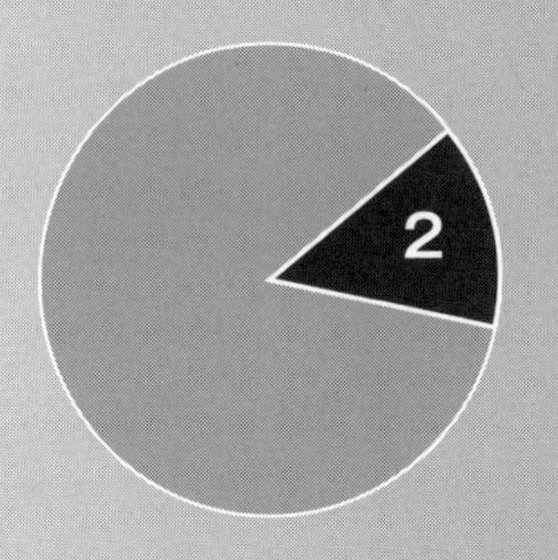

Q21 ペットショップで購入する際の注意点

ペットショップに愛くるしい猫がいるので、購入しようと思うのですが、何か注意すべき点はありますか。

▶▶▶ Point

① **令和2年4月より、民法（債権法）改正法が施行されます**

② **ペットショップに対して、契約不適合責任を追及できるようになりました**

1 民法（債権法）の改正により、売主に対して契約不適合責任を追及できる

平成29年改正前の民法では、その動物の個性に着目して契約したか否かが重要でした。世界に一匹という個性に着目していると、瑕疵担保責任という売主の責任が発生しました。ところが、このような責任を定めた規定は今回の改正でなくなりました。

民法（債権法）改正（令和2年4月1日より施行）後は、ペットショップに対して契約不適合責任を追及できます（民法562条など）。たとえば、「メダカを10匹買います」という不特定物売買と、血統書付きの仕草の可愛い犬を買いますという特定物売買を区別することなく、売買の目的物が契約の内容に適合していない場合は、売主に対して債務不履行としての契約責任（契約不適合責任）を追及できることになりました。

具体的には、まず、追完請求ができます。契約の内容に適合しないペットが引き渡されたときは、その治療、代わりのペットの引渡し、不足している血統書などの書類の交付を求めることができます。代金の減額請求も可能で

す。また、契約の解除や損害賠償請求も可能です。

もっとも、不適合の原因が買主の帰責事由によるときは、これらの請求はできません。

2　ペットを購入する際に契約書を作成する必要があるか

ペットを購入する行為は、契約（売買契約）の締結に当たります。契約は、書面を交わさなくても、口約束だけでも成立します。ですから、購入の際に契約書が必ず必要というわけではありません。しかし、購入後にトラブルとなったとき、「説明した」「いや、説明を受けていない」など、「言った」「言わない」の水かけ論になることがよくあります。このような事態を避けるためには、数年後でも明確に契約の内容がわかるように、文書として契約書を作成しておくほうがよいです。

3　契約書中の「ペットが死んでも一切責任を負わない」という条項は有効か

契約書の中に、「販売後に動物が病気にかかっていたことが判明してその後死亡しても店は一切責任を負わない」という条項（免責条項）が入っていることがあります。買主は、このような免責条項に拘束されるでしょうか。

事業者と個人との売買契約では、消費者契約法の適用がありますから、消費者にとって一方的に不利益となる免責条項、特に債務不履行責任を全部免除する条項は、無効となると考えられます（消費者契約法８条１項１号）。したがって、この条項には拘束されません。

4　ペットショップが特定の保証をすることがある

ペットショップによっては、販売後、一定期間内であれば、動物病院での治療費相当額を賠償する、一定期間内に死亡した場合には代替のペットを無償で提供する、との契約が交わされることがあります。その際の条件として、ペットショップと特定の関係のある動物病院での治療や死亡に関する診断があることが条件となっているものがあります。このような条項があるときは、契約の内容を検討し、指定された動物病院が評判のよいところか、事前に調べることも大切でしょう。

5 ショーウィンドーを見て衝動買い

ペットショップのショーウインドーの中にいるペットを見ていると、可愛くなって衝動買いすることがあります。

しかし、ペットを購入するときには、そのペットの飼い主として一生涯面倒をみること（終生飼育、動物愛護管理法7条4項）ができるか、幸せに育てることができる環境が整っているか、よく自問自答して慎重に検討してから購入しましょう。衝動買いした後、家族の反対にあい、手放すことになるなど、問題が生じることがあります。

自宅で飼うことができなくなると、ペットのために別邸を用意して家族と別居するか、ペットを手放すことを決意して新たな飼い主を探すか、それもだめならば行政機関に処分を頼まなくてはならなくなってしまいます。こういった事態を防止するため、イギリスなどの動物先進国では、衝動買いを誘うショーウィンドーでの販売を見かけることはありません。

日本でも、平成24年の施行規則の改正により、犬と猫の販売については、営業時間を午前8時から午後8時までとすることとされています（Q18参照）。

6 動物販売業者の説明義務・対面販売義務等

動物取扱業者であるペットショップは、ペットの販売にあたり、「種類、習性、共用の目的等に応じてその当該動物の適切な飼養又は保管の方法について、必要な説明をしなければならない」「当該購入者に理解させるために必要な方法及び程度により」「説明を行うよう努めければならない」ことになります（動物愛護管理法8条）。

また、「第一種動物取扱業者のうち犬、猫その他の環境省令で定める動物（哺乳類・鳥類と爬虫類）の販売を業として営む者は、当該動物を購入しようとする者……に対し、当該販売に係る動物の現在の状態を直接見せるとともに、対面（対面によることが困難な場合として環境省令で定める場合には、対面に相当する方法として環境省令で定めるものを含む。）により書面又は電磁的記録……を用いて当該動物の飼養又は保管の方法、生年月日、当該動物に係る繁殖を行つた者の氏名その他の適正な飼養又は保管のために必要な情報として環境省令で定めるものを提供しなければならない」との規定（同法21条の4）が、平成24年改正により設けられ、動物の現物確認を含む対面販売と情報提供が義務づけられました。

令和元年の改正で、当該動物を対面させる場所は、動物取扱業者の事業所に限定されることになりました。

7　クーリング・オフの適用はない

たとえば、自宅に押し売りが来て、ヒヨコを買わされたというような場合には、訪問販売に当たりますから、特定商取引法によるクーリング・オフの適用があり、8日以内に意思表示をして契約を解除することが可能です（特定商取引法9条1項）。しかし、自らペットショップに出向いてペットを買った場合には、クーリング・オフの適用はありません。一度契約したら簡単には解約できないものと思って、購入に際しては慎重に判断しましょう。

8　動物取扱責任者と登録証の掲示

ペットショップには動物取扱責任者（Q12参照）をおかなければならないとされていますから（動物愛護管理法22条）、購入する際には、ペットショップの人、特に動物取扱責任者に、そのペットを飼育するうえでの注意事項などを、詳しく質問してみましょう。

また、動物取扱業者として登録されていれば、ペットショップの見やすい位置に登録証が掲示されているはずです（動物愛護管理法18条。Q12参照）。登録証があるか否かを確認しましょう。

9　ペット保険

ペットの購入に際して、ペットの保険に入ることを勧められることがあります。保険が適用される範囲を詳しく確認して、保険料に見合う内容かどうか、納得できるまで説明を求めましょう（ペットの保険の詳細についてはQ59参照）。

Q22　8週齢規制とはどのような規制か

生後一定の期間を経過していない子犬や子猫を販売することができないという８週齢規制があると聞きました。これはどのような規制なのでしょうか。

▶▶▶ Point

①　８週齢規制とは、生後８週間（56日）を経過していない子犬や子猫は販売することができないという販売業者に課せられた規制です

②　柴犬を含む天然記念犬は、49日に緩和されます

1　8週齢規制の必要性

動物福祉の先進国といわれている欧米では、すでに８週齢規制を導入しているところがたくさんあります。生後あまりに早い段階で親や兄弟から離してしまうと、動物としての社会性が身につかず、将来、噛み癖、吠え癖が直らずに問題行動を起こしてしまいます。これらの弊害を防ぎ、また免疫力が高まるまで待つ必要があることが理由とされています。一方で、ペットショップ側は、子犬や子猫の小さくて可愛い頃のほうが売れ行きがよい等の理由から、規制の導入により売り難くなるのではと戸惑いを示していました。

2　平成24年の改正

平成24年の動物愛護管理法改正では、法律上56日に規制する条文が定める一方、激減緩和措置として附則により49日と読み替える工夫がされました。改正後の同法22条の５では、「犬猫等販売業者は、その繁殖を行つた犬又は猫であつて出生後56日を経過しないものについて、販売のため又は販売の用に供するために引渡し又は展示をしてはならない」と定めつつ、附則において新たに法律で定める日まで「49日」と読み替えるとしました。

3 令和元年の改正

出生後49日ではなく、56日の規制を早く実現したほうがよいとの声が多くありました。前回の改正から約７年経過したこともあり、56日の規制が実現することになり、49日と読み替える附則の規定は削除されることになりました。

ところが、日本古来の天然記念犬６種については例外とされ、49日規制のままとされました。天然記念物の保存の必要性が理由とされています。この６種類は、柴犬、紀州犬、四国犬、甲斐犬、北海道犬と秋田犬です。柴犬の購入を考えている飼い主は多いことと思いますが、購入に際しては例外的に49日規制しかかからないことになります。

この週齢規制に関する規定は、公布の日から２年を超えない範囲内において政令で定める日に施行されます。

4 購入にあたっての注意点

確かに、小さくて可愛いい子犬や子猫を見ていると衝動的に飼いたくなってしまうことも多いでしょう。しかし、飼い主には終生飼養の義務があります。その動物を一生涯飼育することが可能かを考えてから購入する必要があります。また、あまりに小さいうちに購入すると、食事や排便排尿の問題など、飼育が極めて難しいこともあります。可愛いうちに家族の一員に迎えたいという気持ちは理解できますが、その子のためになるのか、将来問題行動を起こさないか等いろいろ方面から検討しておく必要があるでしょう。

ペットショップがこの週齢規制に違反していることが、表示されている生年月日から判明する可能性もあります。もっとも、悪質な業者の場合、生年月日の表示を偽ることも考えられます。見るからに、小さすぎると感じた場合には、週齢規制に違反していないかよく調べてみる必要があると思います。

Q23 インターネット上のペットショップで購入する際の注意点

⑴　インターネット上のペットショップで「可愛い」と絶賛されている犬をみつけました。血統書付きなのに安めだったので、購入を決意しました。そして、購入ボタンをクリックすると、そのまま注文が受け付けられて、後日、メス犬が届きました。本当はオス犬が欲しかったのですが、どうにかならないでしょうか。

⑵　ペットショップのホームページを見ながらパソコンを操作していたら、購入するつもりはなったのですが、誤って、購入ボタンを一度だけクリックしてしまいました。そうしたところ、注文が受け付けられたようで、ペットが送られてきてしまいました。どうしたらよいでしょうか。

▶▶▶Point

①　インターネットで購入するときは、パソコンの操作を慎重に行いましょう

②　販売者には、購入者と対面して情報を提供するなどの義務があります

1　ご質問⑴の場合

⑴　錯　誤

思い違い（これを「錯誤」といいます）に陥ったために物を購入した場合、その思い違いの内容が重要な場合には、その取引に錯誤があったとして取消しを主張することができます（民法95条。平成29年改正前民法では無効）。ただし、買主に重大な過失がある場合には取消しを主張することができなくなります（同条３項）。

ご質問のケースでは、犬がオスかメスかということは、ペットとして飼育するうえで大変重要なことなので、原則として取消しを主張できるように思えます。しかし、それほど性別にこだわるのであれば、売主に対して確認することができたでしょうから、それを怠って確認しないまま購入したことは重過失（民法95条３項）に当たるかもしれません。この場合には、買主の側から取消しを主張することはできないことになります。

⑵　インターネットを利用して行う契約の特則

しかし、インターネットを利用して結ぶ契約に関しては、「電子消費者契約及び電子承諾通知に関する民法の特例に関する法律」（電子消費者契約法。令和２年４月１日以降は、「電子消費者契約に関する民法の特例に関する法律」）に注意が必要です。この法律は、インターネットを通じて事業者と消費者が契約を結んだ場合の民法の特例について規定したものです。同法３条では、確認の画面を設定することにより消費者の意思を確認する措置をとっているなどの場合を除き、当該商品を購入する意思がなかった場合または消費者の意思と契約の内容が異なっていた場合には、買主の側に重過失（民法95条３項）があっても取消しを主張することができると定めています。

ご質問⑴の場合、確認画面が設定されておらず、また、もしメス犬であると知っていれば購入する意思がなかったのですから、この法律により、取消しを主張することが十分に考えられます。

また、特定商取引法14条では、主務大臣は、顧客の意思に反して売買契約を締結させようとする販売業者に対し改善を求めることができるとしています。これについては、消費者庁・経済産業省から、「インターネット通販における『意に反して契約の申込みをさせようとする行為』に係るガイドライン」（平成25年２月20日）が公表されており、どのような表示等が「顧客の意に反して契約の申込みをさせようとする行為」に当たるかを示しています。

2　ご質問(2)の場合

ご質問(2)の場合、購入を確認する画面がなかったようです。この場合、あなたにはそもそもペットを購入する意思がなかったのですから、仮に重過失があったとしても、電子消費者契約法に基づき、契約の取消しを主張することができます。

3　インターネット上のペットショップは動物取扱業者に当たるか

平成24年の動物愛護管理法の改正により、ペットショップは、第一種動物取扱業者として登録する必要が生じました（Q12参照）。インターネットを利用してペットを販売する場合も、第一種動物取扱業者に当たりますので、登録が必要になります。良心的な業者のホームページでは、登録事項を掲載しています。登録事項が明記されているかどうかを確認してから購入することをお勧めします。

4　犬猫等の動物を販売する場合の対面販売義務

平成24年の改正により、犬・猫等（哺乳類、鳥類、爬虫類）を販売する販売業者は、動物を購入しようとする者に対し、あらかじめ、その動物の現在の状態を直接見せるとともに、対面により、書面等を用いて、その動物の飼養や保管の方法、生年月日、繁殖を行った者の氏名、その他の適正な飼養・保管のために必要な情報を提供しなければならなくなりました（対面販売義務、動物愛護管理法21条の４）。この対面販売の規制は、インターネット販売業者にも適用されます。インターネット販売に関する直接の規制は設けられませんでしたが、販売業者は、少なくとも飼い主にペットを直接見せ、直接会って詳しい説明をしなくてはならなくなったのです。

ところが、この対面での説明行為を、他の業者に代行させる事例がありました。代行業者を利用したのでは、適切な説明がなされなくなることが懸念されました。そこで、令和元年の改正で「その事業所において」当該販売に係る動物の現在の状態を直接見せて説明することになりました。これらの改正により、パソコンの画面操作だけでペットが送られてくることはなくなりました。インターネットを利用する販売業者に対して、とても大きな負担を課したといえるでしょう。

Q24 血統書付きの犬を購入したのに血統書が交付されないがどうすればよいか

私は、血統書付きの犬を購入したのですが、売主からいまだに血統書をもらっていません。売主に対してどのような請求をすることができますか。

▶▶▶ Point

① **血統書は、動物の戸籍のようなものであり、とても大切です**

② **血統書の偽造に注意しましょう**

1 血統書の意義

血統書には、ペットの本来の名称、種類、生年月日、繁殖者の名前、ペットの両親の名前、祖父母たちの名前、祖先のチャンピオン経験の有無などが記載されています。

血統書があれば、祖先のどれだけの範囲に、どのグレードのチャンピオンがいるかもわかるのです。また、その種の純血種であることがわかります。純血種であることの証明ですから、当然、雑種ではないという証明にもなります。誤って他種との交配をしてしまうことを防ぐことにも役立ち、種の保存に貢献する意味もあります。

血統書について、国家公認の証明書（人の戸籍に相当するもの）は発行されていません。任意団体が独自に審査し、血統書を発行しています。そのような任意団体として、犬の場合には、一般社団法人ジャパンケネルクラブ等があります。

2　血統書を交付するように売主に請求できる

ご質問の場合、血統書付きの犬として売買契約が成立したのですから、買主は売主に対して、犬のみならず血統書も引き渡すように請求することができます。血統書付きペットの売買契約の場合、血統書の引渡しは契約内容に含まないという特約のない限り、当事者の合理的な意思の解釈として、当然ペットだけではなく血統書をも引き渡すことが契約の内容になっていると考えられるからです（民法87条２項参照）。売主がいまだ血統書を取得していない場合には、適切な団体に血統書の発行を申請して、血統書を取得した後に買主に引き渡すことになります。

血統書を取得した買主は、血統書上の所有者の変更を申請することもできます。また、血統書を紛失した場合は再発行の申請をすることも可能でしょう。

ペットにとって血統書は、血筋を証明する唯一のものですから、大切にしましょう。

3　偽造血統書

偽造された血統書が出回っていることも考えられます。若くして亡くなったペットの血統書を利用したり、生まれた頭数をごまかして血統書を取得し、悪用するのです。血統書の信用性を高めるためにDNA鑑定を導入している機関もあります。いずれにせよ、血統書付きのペットを購入する場合は、信頼できる売主から購入することをお勧めします（Q21参照）。

Q25　ペットを友人など第三者に譲るときの問題

⑴　犬を繁殖していますが、多頭気味になったので、「まだ生まれて6カ月目で、しつけもしていない」と断って友人にあげました。その後、友人から、「しつけがなっていないにもほどがある」と言われて困っています。友人はしつけのために訓練所に犬を通わせたと言っていますが、その費用を賠償しなければならないのでしょうか。

⑵　友人に、これまで可愛がってきた猫をあげると約束したのですが、気が変わって、あげたくなくなりました。約束を取り消すことができるでしょうか。

⑶　友人に子犬をあげる際に、毎日散歩させることを条件にしましたが、実際には散歩をほとんどさせていないようです。子犬を取り戻すことはできますか。

▶▶▶ Point

① **売主に比べて贈与者の責任は軽い**

② **贈与の意思を撤回することができる場合があります**

③ **負担付き贈与契約では解除も考えられます**

1　贈与契約の贈与者の責任は軽い

無料（無償）で物を他人にあげることを「贈与」といいます（民法549条）。贈与は、代金（対価）を必要とする売買とは異なり、無償であることから、贈与する者の責任が軽減されています。原則として、贈与したときは、贈与者は、目的となる物に瑕疵や欠陥があることを知っていて、受贈者に知らせなかった場合にだけ責任を負うことになり、贈与者が瑕疵や欠陥を知らなかった場合や瑕疵・欠陥のあることを告げた場合には責任を負わなくてよいのです（同法551条１項）。

ご質問(1)の場合、友人にあげるときに、「しつけをしていない」と指摘していますし、友人もそのことをわかっていてあなたから受け取ったのですから、しつけがなっていないことに関してあなたが責任を負う必要はありません。したがって、友人がしつけのために通わせた訓練学校の費用を賠償する責任もありません。もっとも、モラルの問題として、最低限のしつけをしてからあげるように心がけたほうがよいでしょう。

2　贈与契約の撤回

ご質問(2)について、贈与は無償ですから、有償の売買契約よりも契約の拘束力は弱くなっています。この契約が書面によってなされたのでなければ、その猫を実際に引き渡すまでの間なら、撤回して贈与契約をなかったことにすることができます（民法550条）。

3　負担付き贈与

ご質問(3)について、贈与する際に、相手方（受贈者）に一定の負担を負わせた場合は、負担付き贈与となり、双務契約に関する規定が準用されます（民法553条）。したがって、受贈者が、散歩などの特に定めた負担を果たさない場合は、債務不履行として契約を解除し、贈与した犬を取り戻すことができます。

コラム⑧　ペットをめぐる詐欺事件

飼い主のいない犬や猫の新たな飼い主を探し、１匹でも多くの犬や猫が幸せになれるようにと頑張っている方も少なくありません。そのような善意につけ込んで、「引き取った犬や猫が病気で費用がかかる」などと言いがかりをつけ、治療費、慰謝料といった名目で金銭を請求する事件が起きたことがあります。最近では、新たな飼い主を引き受けるとうたい、多数の猫を譲り受けた後に、その猫に対し虐待を働くことを繰り返していた事例があります。虐待目的でありながら、引き受けを装い、猫をだまし取っていたのです。

裁判になった事例としては、猫を飼育する意思がないにもかかわらず、いわゆる「里親」として応募し、猫を多数騙し取った事例で、以前の飼い主からだまし取った者に対する慰謝料などの損害賠償を認めたものもあります（大阪地裁平成18年９月６日判決・判タ1229号273頁）。また、この大阪地裁判決は、猫の引渡請求について、特定が困難であるとして認めませんでしたが、控訴審では、特定できるとして引渡請求も認められました（大阪高裁平成19年９月５日判決・消費者法ニュース74号258頁）。

また、ペットを火葬すると欺いて、実際には費用がかさむ火葬を行わず、他のペットの遺骨を飼い主に渡し、ペットの死骸を山林に捨てていた事例があります。

ペットが被害にあわないよう、飼い主は騙されないように注意することが必要です。

Q26　ペットを連れて電車等に乗ることはできるか

実家に帰郷する際、ペットも連れて電車やバスに乗ろうと思っています。注意すべき点はありますか。

▶▶▶ Point

① **乗り物により規制はさまざまです**

② **ケージに入れて乗ることを条件にすることが多い**

1　ペットの移動

欧米では、列車や船舶で、飼い主がペットを同伴している光景をよく見かけます。ところが、わが国では、ペットはそこまで寛大には扱われていないのが現状です。もっとも、身体障害者補助犬（盲導犬、介助犬、聴導犬）の場合は、原則として、公共交通機関へ飼い主と同乗することが認められています（身体障害者補助犬法８条）。しかし、身体障害者補助犬以外のペットの場合は、交通機関に同乗するには規制があります。どのような規制があるのか、乗せることができるか否か、また乗せられるペットの種類は何か、乗せるときはどのようなケージに入れるか、重量制限はあるか、無料か有料かなどは、各交通機関により異なります。事前に各交通機関に詳しい内容を問い合わせることが必要です。

イギリスでは犬も客車（ファーストクラス）に乗る（撮影・渋谷寛）

2 列車の場合

JR 東日本の旅客営業規則の第２編「旅客営業」第10章「手回り品」309条「有料手回り品及び普通手回り品料金」１項では、次のように定められています。

> 旅客は、子犬・猫・はと又はこれらに類する小動物（猛獣及びへびの類を除く。）であつて、次の各号に該当するものは、前条第１項に規定する制限内である場合に限り、持込区間・持込日その他持込みに関する必要事項を申し出たうえで、当社の承諾を受け、普通手回り品料金を支払つて車内に持ち込むことができる。
> (1)　長さ70センチメートル以内、最小の立方形の長さ、幅及び高さの和が、90センチメートル程度の容器に収納したもので、かつ、他の旅客に危害を及ぼし、又は迷惑をかけるおそれがないと認められるもの
> (2)　容器に収納した重量が10キログラム以内のもの

また、同条２項により、旅客が１回乗車するごとの普通手回り品料金は、１個につき290円となっています（令和２年２月１日現在)。他の鉄道会社でもほぼ同様の規定を定めています。関東地方の私鉄の多くは無料としているようです。ちなみに、猛獣や蛇の類は同乗することができないとされているので注意しましょう。

3 バスの場合

バスの場合は、主に手回り品として「膝の上に乗る大きさのケース」などと大きさを定め、重量に対する規制がなく、無料としている会社が多いようです。しかし、夜行バスでは、安眠を妨害するおそれがあるためか、ペットを同乗させることは難しいようです。

4　飛行機の場合

飛行機の場合は、一般的に、ケージに入れれば受託手荷物として運送を引き受けてもらえます。

たとえば、全日本空輸（ANA）の国内旅客運送約款38条「愛玩動物」では、次のように定められています。

空輸のペット用ケージ（英国ヒースロー空港にて。撮影・渋谷寛）

> 1　旅客に同伴される愛玩動物について、会社は、受託手荷物として運送を引き受けます。ここでいう愛玩動物とは、飼い馴らされた子犬、猫、小鳥等をいいます。
>
> 2　前項に述べた愛玩動物については、第37条にいう無料手荷物許容量の適用を受けず、旅客は会社が別に定める料金［筆者注・4000円前後が多い］を支払わなければなりません。

ケージの材質、個数、大きさおよび料金については、各航空会社により規制が異なります。特定犬種（フレンチブルドッグ、ブルドッグやパグなどの短頭種）については、温度の変化の影響を受けやすい等の理由から預りをしていない会社もあります。ウサギやハムスターなどの動物の場合、歯が強いことを考慮して、金網で覆われたケージに限定する例もあります。また、身体障害者補助犬などを除いて、機内への持込みはできません。事前に、飛行時間に対応した十分な餌と水分を与えておくことが必要となります。もっとも、昆虫や金魚などは、機内への持込みが可能です。アメリカでは、ペット専用の飛行機が登場したようです。

5　船舶の場合

船舶の場合は、各会社により扱いがかなり異なっています。客席への同乗は、ほとんどの会社で認められていません。会社によっては、ペットルームやドッグハウスと呼ばれる特別の施設を設けて、ケージに入れることを前提に預かるところがあります。その場合も、ケージの大きさおよび餌や水を与える時間帯に制限があります。マイカーなどを利用してフェリーに乗る際には、車内残留を認める会社もあれば、禁止する会社もあります。車の置かれている場所には、空調設備がありませんから、ペットに対して酷であるともいえます。また、車を置いてある区域には、船の走行中は危険なので立ち入ることができないとしている会社もあります。

スコットランドではペットも一緒に船に乗る（撮影・渋谷寛）

6　一般のタクシーの場合

道路運送法（13条）および旅客自動車運送事業運輸規則（52条）により、身体障害者補助犬およびこれと同等の能力を有すると認められる犬並びに愛玩用の小動物以外の動物を伴う場合は、乗車を拒否できることになっています。ペットを伴いタクシーに乗車する際には、運転手に確認しましょう。

7　ペットタクシー

ペットの輸送を目的としたペットタクシーというサービスもあります。ペットだけを運搬するもので人は乗せられないのが原則ですが、ペットの具合が悪くなり動物病院へ搬送する際に飼い主の介護が必要になる場合など、一定の要件を備えれば、飼い主が付添人として同乗することもできるようです。

8　マナー

ペットとともに交通機関を利用する際には、ペットが鳴いたり悪臭を放つなどして他の乗客に迷惑をかけないように心がけることが大切です。

Q27　ペットを連れてレストランへ入ることはできないのか

ペットと散歩中にお洒落なレストランをみつけたので、入ろうとしたら、店員に断られてしまいました。不愉快でたまりません。ペットはレストランに入れないのでしょうか。

▶▶▶ Point

① **レストランへの入店は、オーナーの考え方次第です**

② **身体障害者補助犬は原則として同伴できます**

1　わが国の現状

欧米諸国では、レストランにペットを同伴している光景をよく目にします。ところが、わが国では、ペット同伴で入店できるレストランはまだまだ少ないのが現状です。

レストランの経営者には憲法上、営業の自由（日本国憲法22条）が認められているので、客との間では、国家から干渉されることはなく、基本的に契約内容は自由に定めることができるとの契約自由の原則が働きますから、レストランと客との契約内容は自由に決められることになり、レストランの経営方針としてペットの入店を拒むことも許されることになります。入店を断られ不愉快な思いをしても、文句を言うことはできないのが現状です。

2　入店を断る理由

入店を断る側にも理由があります。犬嫌いの客にも配慮したい、ペットと一緒に食事をすることを好まない人もいる、不衛生なイメージがある、犬同士で吠え合ったりすることもある、店内で排尿などすることが全くないとはいえない、などの理由です。

ペットのマナーが向上し、他の客に害を与えるおそれがなくなり、一般客もペットに深い理解をもてるようになれば、レストランとしても他の客に気兼ねすることなくペット入店可とすることができるようになるでしょう。

ペットに対するしつけや一般的な理解の充実とペットに対する理解の浸透が必要となります。

3　身体障害者補助犬の特例

もっとも、盲導犬、介助犬、聴導犬は入店することができます。身体障害者補助犬法９条により、不特定多数の者が利用する施設では、これらの犬の同伴を原則として拒んではならないとされているのです。ただし、店や客に著しい損害が発生するおそれがあるときには拒むことができます。

コラム⑨　日本の忠犬ハチ公と英国の忠犬ボビー

東京・渋谷駅の待ち合わせ場所として有名な忠犬ハチ公の銅像の存在は誰もが知っていることでしょう。忠犬ハチ公は、飼い主が亡くなったことを知らず、長いこと渋谷駅まで出迎えに通っていました。同じような実話が英国にもあることは、あまり知られていないかもしれません。グレイフライアーズ・ボビー物語です。

ボビー（1872年1月1日、16歳で没）は、スカイテリアという犬種です。ボビーがまだ若いとき（1858年2月15日）、飼い主に先立たれました。その遺体は、英国ブリテン島の北部スコットランドの首都エジンバラにあるグレイフライヤーズ教会に埋葬されることになったのですが、その葬儀にペットであるボビーも参列したのです。ボビーは飼い主が亡くなったことを理解していました。そして、その死後、埋葬されたお墓に毎日通い、その場から離れようとしませんでした。亡くなるまでの約14年間、飼い主の墓を守り続けたのです。

ボビーの忠犬ぶりは高く評価され、ボビーは犬でありながら、エジンバラ市の栄誉市民に選ばれました。ロイヤル・マイル（エジンバラ旧市街の目抜き通り）から少し外れたところに、グレーフライアー教会（ボビーの墓標）とボビーの銅像があります。その脇に、ボビーが飼主と通ったレストランが、現在ではボビーズ・バー（パブ）として営業を続けています。日本と英国の親近性を感じさせる話です。

ボビーの銅像とボビーズバー
（撮影・渋谷寛）

Q28 交配を依頼したが子どもが生まれなかった場合も交配料を支払うのか

現在、雌犬を１匹飼っています。可愛い子犬欲しさに、高いと思ったのですが、交配を頼みました。ところが、結局妊娠せず、子犬はできませんでした。それでも、交配料を支払わなくてはならないのでしょうか。

▶▶▶ Point

① **交配後に子どもができなくても交配料を支払う必要があります**

② **交配を頼む前にいろいろな場面を想定して特約を結んでおきましょう**

1 交配依頼は準委任契約

可愛いペットの子どもが欲しくなることがあります。メスのペットを飼っている場合、オスのペットを購入することも考えられますが、それができないときは、オスのペットの飼い主をみつけて交配を頼むことになります。すなわち、メスの飼い主がオスの飼い主に対し、交配を依頼し、オスの飼い主が承諾をすることで契約が成立するのです。

この契約では、交配の結果、妊娠させることまでを約束する内容にはなっていません。ですから、妊娠させることを請け負う「請負契約」ではなく、交配さえ行えば債務を履行したことになる「準委任契約」（民法656条）に相当すると考えられています。したがって、交配行為がなされた以上、結果が出なくても、交配料を支払わなくてはなりません。

2 妊娠しない場合は返金するとの特約

ご質問のようなケースにおいて、妊娠しないときには交配料を返金するという特約があったとしましょう。この場合、妊娠しなかったときには交配料の返還を請求することが可能となります。

ところが、実際には、このような特約をすることは稀です。なぜなら、立場上交配させる側（オスの飼い主）のほうが強い立場にあり、交配させる側に不利になる契約がなされにくいという慣行があるからです。

3　再度交配する特約

実際には、妊娠しないときには、再度交配するという特約がなされていることが多いようです。この場合、交配料を支払わなくてはなりませんが、二度目の交配を無料でしてもらうように請求することができます。

4　詐欺に当たる場合

オスのペットの飼い主が、そのオスに生殖能力のないことを知っていながら「交配した」と主張している場合や、実際には全く交配させていないにもかかわらず「交配させた」と嘘をついている場合は、交配料を詐取することを目的とした詐欺行為に当たりますから、詐欺（民法96条）を理由に交配契約を取り消して、交配料を支払わないことができます。

5　交配証明書

交配する契約の内容として、オスのペットの飼い主が交配したことを証明する交配証明書を交付することが定められていることがあります。その場合は、この交配証明書を受け取ることを忘れないようにしましょう。後に、血統書（Q24参照）の発行を申請するときに必要となります。

この交配証明書をオスのペットの飼い主が交付しない場合は、債務不履行に当たり、交配する契約を解除して交配料の支払いを拒絶することも考えられます。

6　交配について契約を交わすときの注意点

まず、血統書で、共通の祖先がいないかどうかを確認しましょう。もし共通の祖先がいると、近親間での交配となり、新たな血統書を発行してもらえないことがあります。

また、同じ種類でも、体格に激しい差のある場合は出産が難しい場合もありますので、相手の体格を確認しましょう。

生まれてきた子どもたちを、交配を頼んだ側と引き受けた側でどのように分配するのかについても、お金を支払うのだから頼んだ側がすべての子どもを引き取れるのか、引き受けた側が優先的に子どもを選ぶことができるのかなど、あらかじめ明確に定めておくと、後のトラブルを防ぐことができます。

交配したが妊娠しなかったとき、それでも交配料を支払うのか、無料で再度交配してもらえるのかなどについても、明確に定めておきましょう。

Q29　預けたペットが脱走してしまった場合にどのような請求ができるか

1週間の海外旅行に出かけるので、可愛いペットを預けたくはなかったのですが、ペットホテルに宿泊代を払って預けました。ところが、旅先で、預けたペットホテルから、「ペットが脱走してみつからない」との連絡を受けました。ペットホテルに対してどのような請求をすることができますか。また、ペットホテルではなく、親しい友人に預けた場合はどうでしょうか。

▶▶▶Point

① ペットホテルには預かったペットを逃がさないようにする義務があります

② 無料で預かっている友人は、ペットホテルよりも軽い責任しか負いません

1　寄託契約

ペットホテルにペットを預ける契約は、ペットホテルがペットを保管することを約束するのですから寄託契約に該当します（民法657条以下）。保管を引き受けたペットホテルは、自己の責任においてペットを保管し、飼い主に返還しなければなりません。

2　善管注意義務

寄託契約の場合、民法上は、契約の内容が有償（有料）か無償（無料）かにより責任が変わってきます。無償の場合は、自己の物を管理するときと同程度の注意をすればよいこととされています（民法659条）。ところが、有償の場合は、善良なる管理者の注意義務（善管注意義務）が必要とされており、より重い責任が課されています。

3　ペットホテルは善良なる管理者の注意義務を負う

ペットホテルは、通常、宿泊代をとっており有料ですから、善管注意義務を負うことになります。また、仮に無償で預かったとしても、営業の一環として預かった場合には、商法の規定により善管注意義務を負うことになります（商法595条）。

ペットを預かる場合、ペットが逃げようとすることは、容易に想像できます。住み慣れた自宅を離れ、親しい飼い主とも離れ離れになっているのですから、逃げ出したがるのは当然です。このようなペットを飼い主から預かるのですから、ペットホテルとしては、逃げ出さないように万全の体制を整えなくてはなりません。檻（おり）などに出し入れする際に細心の注意を払う必要がありますし、万が一檻から逃げたときでも施設の外に逃げ出さないように二重の扉を設けるなどの工夫も必要でしょう。

預かったペットを逃がしてしまったら、ほとんどの場合、弁解はできないと思われます。ペットホテルは逃がしてしまったことの責任を負わなければなりません。

4　ペットホテルに対する請求

ペットが逃げ出してしまった場合、あなたは、ペットホテルに対し、まずペットを捜し出すように請求することができます。ペットホテルとしても、ペットをみつけられないと、損害賠償に応じなくてはならなくなりますから、多くの場合は、その賠償を回避するために捜索に協力するでしょう。

捜索をしてもペットがみつからない場合は、損害賠償を請求することになります。賠償を請求できる損害の範囲は、ペットが逃げ出したことと相当因果関係のあるものに限られます。ペット自身の交換価値や逸失利益は当然として、捜索のためのアルバイトを雇った費用、ペット探偵（Q62参照）に依頼したときはその探偵料、迷子ペットに関する広告（チラシ）の印刷代、慰謝料なども損害賠償の対象になると考えられます。

5　親しい友人に預けたときは自己の物と同一の注意義務に軽減される

ペットホテルにではなく、親しい友人に預けた場合はどうでしょうか。この場合は、無料で預ける場合が多いでしょう。そうなると、無償寄託となり、預かった人は、自己の物に対するのと同一の注意義務を負うことになります（民法659条）。預かった人が、自己のペット同様に注意を払っていたにもかかわらずペットが逃げてしまった場合には、注意義務違反を認めることができず、損害賠償を請求することはできないでしょう。

Q30 トリマーにお願いしたら希望と違うカットになったが、代金は支払わないといけないか

好みのカットにしてもらおうと、愛犬を美容室に連れていき、トリマーさんにお願いしました。ところが、イメージと全く違うカットになってしまいました。このような場合にも代金を支払わなければならないのでしょうか。また、はさみで尻尾を傷つけられた場合、治療費を請求することができるでしょうか。

▶▶▶Point

① **どこまで具体的にイメージを伝えたかによって変わってきます**

② **はさみで傷つけられた場合には治療費を請求することができるでしょう**

1　ペットの毛のカットは請負契約

ペットの毛をカットすることを依頼し、これを引き受ける契約は、一定の仕事の完成を約束するものですから、請負契約（民法632条）に該当します。ペットの美容院は、飼い主から注文を受けたとおりにカットして完成させる義務を負っているのです。

2　どこまで具体的に注文したか

カットの内容は、飼い主がどこまで具体的に注文したかによって変わります。

飼い主が、「暑くなってきたので、短くしてほしい」と注文した場合、注文の内容は毛を夏向きに短くすることです。トリマーがほとんど毛を短くすることなく、暑苦しいままの状態のときには、いまだカットは完成していないので代金を支払う必要はありません。しかし、とりあえず毛が短くカット

されペットも涼しくなったのであれば、それでカットは完成（または一部完成（民法634条））したといえるので、飼い主のイメージと違っていても、代金（一部完成の場合にはそれに応じた代金）を支払わなければなりません。

一方、飼い主が、ペット雑誌の写真の切抜きを持参するなど、具体的なイメージをトリマーに伝え、トリマーがそのイメージどおりにカットすることを承諾した場合は、カットした後、誰が見ても写真のイメージと異なる場合は、まだカットは完成していないといえます。この場合、飼い主はイメージどおりになるまでカットし直すようにトリマーに要求することができます。短く刈りすぎて、修復が困難である場合は、イメージどおりに完成させることが不可能となってしまったのですから、契約を解除（民法542条。平成29年改正前民法635条）してカット料の支払いを拒むことができます。

「可愛くカットしてください」と伝えただけでは、「可愛さ」に主観が混じることから、後に紛争になりかねません。カットに対するイメージがあるのでしたら、写真や絵などを用いて、できるだけ具体的にトリマーに伝えるようにしましょう。

3 誤ってはさみで尻尾を傷つけてしまった場合

トリマーは、ペットの毛をカットすることに対して善管注意義務を負っています。誤って、ペットの尻尾の先、舌や耳などの一部を傷つけてしまった場合には、飼い主は、治療費などの生じた損害について賠償請求することができます。

実際、トリミングの最中に猫の尻尾を約5cm切り落としてしまった事案で、トリマーの過失を認め、慰謝料など損害賠償の支払いを命じた裁判例があります（東京地裁平成24年7月26日判決・判例集未登載）。

Q31 行かなくなったペットの幼稚園について、すでに支払った代金を返してもらえるか

犬の幼稚園があると聞いて、早速入園し、入園料と半年分の通園料を前払いしました。ところが、私の飼い犬は、数日通っただけで通園したがらなくなりました。入園料や通園料を返還してもらうことはできますか。「一度支払った入園料と通園料はいかなる理由があっても返還しません」という特約がある場合はどうでしょうか。

▶▶▶ Point

① **ペット幼稚園との契約の内容・性質**

② **「返還には一切応じない」という特約の有効性**

③ **通園料がチケット制の場合**

1 ペット幼稚園

ドッグスクールなど、ペットのしつけをする学校はこれまでもありました。飼い主の自宅まで出張してしつけてくれる便利な業者もあります。

ペットに関するしつけは、人間の子どもと同様に、早くから行ったほうが効果が高いようです。そこで、最近では、１歳未満のペット（多くは犬）について、早い段階からしつけや社会性を身に付けることを目的としてペットを預かる、ペットの幼稚園も現れています。

2 どのような契約か

飼い主とペット幼稚園との契約内容は、ペット幼稚園に通わせて、幼いペットに必要な教育を施すことにあり、準委任契約（民法656条）ないし寄託契約（同法657条）の混合契約と考えることができるでしょう。そうすると飼

い主は、準委任契約の性質を重視して、通園契約をいつでも解除することができます（同法651条1項）。解除すると、その後は通園しないのですから、通園料（通園すること自体に伴う対価と考えられます）を支払う必要はなくなると考えられます。ですから、すでに支払った半年分の通園料については、合理的な割合で、返還を求めることが可能でしょう。ただし、相手方に生じた損害を賠償する必要がある場合もあります（同条2項）。

一方、入園料（入園手続に伴う対価と考えられます）については、すでに入園手続を完了したのですから、返還を請求することは難しいと考えられます。

3 返還には一切応じないとの特約がある場合

消費者と事業者との間の契約に適用される消費者契約法は、契約条項の中で、契約の解除によって「事業者に生じる平均的損害額」を超える損害賠償または違約金を消費者に負担させる条項については、その超える部分を無効としています（同法9条1号）。ご質問のように、「支払った入園料・通園料を一切返還しない」という特約があった場合、この特約は実質的に契約の解除に伴う損害賠償ないし違約金を定める条項と考えられますから、消費者契約法9条1号が適用されると考えられます。したがって、あなたは、ペットが幼稚園に通わなくなったことによって幼稚園に生じる平均的な損害額のみを負担すればよいことになりますから、通常、通園料の残額の多くの部分を返還してもらえるでしょう。どれほどの金額を取り戻すことができるかは、事案により異なります。

4 通園料がチケット制の場合

通園料をチケット制で半年分まとめて購入した場合も、同様に対価の前払いと考えられます。途中で解約した場合には、残りのチケットの分の料金の返還を求めることができる場合があると考えられます。チケットをたくさん購入することにより、割引という特典を得ていた場合には、そのことが考慮され、返還額は下がるでしょう。

ペットシッターの委託料がチケット制の場合、トリマーのカット代がチケット制の場合も同じように考えることができます。

5　ペット幼稚園内でペットが死亡した場合

ペット幼稚園では、預かったペットを善良なる管理者としての注意を払って保管し、預かったときの状態で返還する必要が生じます。ペット幼稚園内で、預けたペットがけがをしたり、何らかの理由で死亡したりしてしまった場合には、ペット幼稚園側に対して損害賠償請求をすることが可能でしょう（Q29参照）。

第3章

近隣をめぐるトラブル

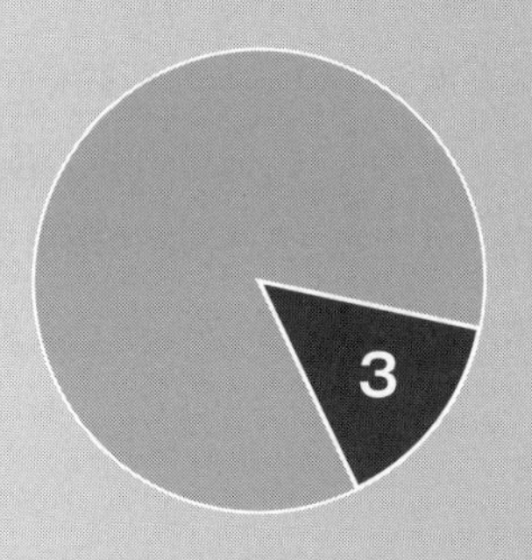

Q32　ペット禁止のアパートで猫を飼っているが大丈夫か

ペット禁止であることを知りつつアパートを借りました。その後、どうしても猫を飼いたくなり、飼い始めました。室内飼いをしているのですが、時々ベランダから逃げ出したりして、隣近所の人も気づき始めています。何かトラブルになるでしょうか。

▶▶▶ Point

① **大家さんに見つかると賃貸借契約を解除されてしまうこともあります**

② **近隣の人に迷惑をかけた場合はその損害を賠償しなくてはなりません**

1　「ペットを飼ってはいけない」との特約の有効性

ご質問のような場合、アパートを借りる賃貸借契約を結ぶ際の契約条項に、犬や猫を飼ってはいけないとの特約が付いていたと思われます。

この特約は、他の部屋を借りている人の利益を守ること（たとえば、犬や猫が嫌いな人がいるかもしれません）、部屋自体の損傷（柱などへの引っかき傷、糞尿による悪臭）を防ぐことなど、一応の理由がありますから、公序良俗（民法90条）に反するともいえず、有効となります。

2　特約の効果

あなたは、猫を飼えないことを知りつつ契約したのですから、借主としてこの特約を守らなくてはなりません。貸主（大家）に黙って飼っているとのことですから、この特約に違反しているので、何らかの損害が生じた場合に貸主から損害賠償を求められることになるでしょう。

たとえば、猫が外を徘徊し他の部屋の猫嫌いな借主がそれを不快に思ったためアパートを出て行ってしまい、家賃収入が途絶えてしまったときなどに、その家賃相当分の損害の賠償を求められることや、出て行った借主が違約金を支払わなかった場合にその間接損害としての違約金の賠償を求められることがあるかもしれません。

また、猫を飼ってはいけないという特約に違反しているのですから、契約違反として、貸主から契約を解除されることがあり得ます。ただし、部屋を借りるという賃貸借契約では、貸主との間の信頼関係が破綻した、すなわち深刻な問題に発展しもはや仲直りができないほどの状況になっていることが解除の要件となると考えられます。なぜなら、借主に背信性がない場合の解除を信義則（民法１条２項）に反し許されないとした判例（最高裁昭和39年７月28日判決・民集18巻６号1220頁）があるからです。猫が室内を荒らし回り、柱や床を傷つけ、ベランダなどから外出し、近隣の住民に被害を与えても放置し、貸主が困り果てカンカンに怒っているような場合は、背信性もあり信頼関係が破綻したと認められることになるでしょう。逆に、おとなしくしており、外に出ることもなく、部屋に悪臭も漂わないような場合で貸主も黙認しているような場合は、信頼関係は破綻していないと思われます。

もし、解除が有効となると、賃貸借契約は消滅しますから、あなたは部屋を借りている権利を失い、部屋を出ていかなければならなくなります。

3　アパートの隣の部屋の住人との関係

飼っている猫が、ベランダなどから外へ出て、隣の部屋の人の植木にいたずらをしたような場合、動物占有者の責任（民法718条、Q20参照）として、与えた損害を賠償しなくてはならなくなります。

4　ペット飼育可のアパートが増えている

ペットの存在はかけがえのないものです。最近では、賃貸アパートでもペットと一緒に暮らしたいという要望が高まっています。このようなことから、ペット飼育可にしないと入居者が集まらないという状況が生じ、ペット飼育可のアパートが増えています。このようなところでは、臭いや傷の付きにくい建材を使用するなどしているようです。これから賃借を考えるのであれば、将来のトラブルを避けるために、ペット飼育可のアパートを探してみましょう。

さらに、ペットを飼っていなければ入居できないアパートも登場しています。ペットを飼っていない他の入居者に対し気兼ねすることのないようにとの配慮から、ペットを飼っていることを入居の条件にしているのです。

Q33 マンションの管理規約がペット飼育可と変更されたが従わなければならないか

ペット飼育不可のマンションとのことで購入しました。その後、約10年住んできましたが、ペットブームの波に押されて、マンションの理事会でペット飼育可にすると管理規約が変更されました。私は、動物アレルギーで、動物が嫌いです。動物と一緒にエレベーターに乗ることを想像するとゾッとします。この管理規約の変更を無効にすることはできませんか。逆に、新たにペット飼育不可とする規約に変更になった場合はどうでしょうか。

▶▶▶ Point

① **マンションの規約変更には４分の３の賛成が必要です**

② **特別の影響を及ぼす利害関係のある人の承諾も必要になります**

1 管理規約の変更には4分の3の賛成が必要

管理規約において、ペット飼育不可とされていたものが可と変更されたということですから、まず、適正な手続に従って管理規約が変更されたかどうかを確認します。

管理規約を変更するには、区分所有者および議決権のそれぞれ４分の３以上の多数による集会の決議が必要となります（区分所有法31条１項前段）。この決議要件を満たしていなければ、変更の手続は無効になります。

2 「特別の影響」を与えるかどうかが問題

区分所有法31条１項後段では、４分の３以上の賛成があっても、規約の変更が、「一部の区分所有者の権利に特別の影響を及ぼすべきときは、その承諾を得なければならない」と規定されています。この「特別の影響」を及ぼす事案であるにもかかわらず、当該区分所有者に承諾を得ていない場合には、規約の変更は無効となります。

ここで、動物嫌いの区分所有者がいるときに「ペット飼育可」と規約を変更することが、「区分所有者の権利に特別の影響を及ぼすとき」に該当するかが問題となります。

これについては、裁判例（東京地裁昭和61年９月25日判決・判時1240号88頁）によると、「規約の設定・変更等の必要性及び合理性とこれにより受ける当該区分所有者の不利益とを比較衡量して、当該区分所有者が受任すべき程度を超える不利益」を受けると認められる場合といえるかが解釈の基準とされています。

ご質問の場合、動物アレルギーであることが医師により証明され、身近に動物がいるマンションに居住することができないなどの場合には、「区分所有者の権利に特別の影響を及ぼすとき」に該当することになるでしょう。そのときは、あなたの承諾なくして「ペット飼育可」と規約を変更することはできないことになると考えられますから、承諾なくして変更された規約は無効だと主張して争うことが可能と思われます。ただし、これは、微妙な判断となりますから、最終的には裁判による決着を要することになるでしょう。

3 特に規定がなかったところ、ペット飼育不可に規約が変更された場合

一方、ペット飼育について特に規定のなかったマンションで、ペット飼育を禁止するように規約が変更された場合はどうでしょうか。

まず、この場合も規約の変更に当たるので、区分所有者および議決権の各４分の３以上の賛成が必要です。次に、この変更は、すでにペットを飼っている人やペットを飼いたいと思っている人の権利を剥奪することになるので、「区分所有者の権利に特別の影響を及ぼすとき」に該当するかどうかが

問題となります。この点、判例は、盲導犬などを利用している場合を除き、ペットがいなくても生活していくことは可能だとして、「特別の影響を及ぼすとき」には当たらないとしています（東京高裁平成6年8月4日判決・判時1509号71頁）。しかし、すでにペットを飼っている人が伴侶動物と別れなければならないことを考えると、「特別の影響を及ぼすとき」に該当すると考え、飼い主の承諾がなければ「ペット不可」と変更することはできないとするほうが妥当と考えることもできるでしょう。今後、新たな裁判例が現れる可能性もあると思います。

また、中間的な解決案として、すでにペットを飼っている人については特別に、そのペットが亡くなるまでの間に限って飼育を認めるとする「飼育しているペットの一代限りで認める」規定に変更することも考えられます。

コラム⑩ ペットの糞と罰金

わが国の法律では、犬が路上で糞をしたとき後始末をしなくても罰則を設けていません。ところが、地域によってはマナー違反がひどく糞被害が問題となっているところもあるようです。たとえば、茨城県の水戸市では、「飼い犬のふん害等の防止に関する条例」を設け、飼い主に犬の糞の持ち帰りを義務づけ、違反者には3万円以下の罰金を科すと定めています。その他にも、犬の糞に関する条例を制定している自治体は多数あります。

（撮影・渋谷寛）

ところで、ペット飼育の先進国である英国（スコットランド）では、路上にペットの糞を放置すると、最高で500ポンド（約8万円）という高額な罰金が科せられることになります。そのためか、路上でペットの糞を見ることはありません。

飼い主のモラルとして、路上での糞の放置をなくしたいものです。

（撮影・渋谷寛）

Q34 隣の犬の鳴き声がうるさくてたまらないが、何とかならないか

私は、住宅地の戸建に住んでいます。隣の家は、犬を庭につないでいます。大きい声で鳴いており、夜中や早朝に鳴くこともよくあります。うるさくて眠れないこともあり、ノイローゼ気味になっています。どうしたらよいでしょうか。

▶▶▶ Point

① 鳴き声で他人に迷惑をかけないようにしましょう

② 鳴き声の改善のために行政機関に相談したり、司法機関の助けを借りることもあり得ます

1 犬の飼い主は、無駄吠えをさせないようにしなければならない

犬の飼い主は、犬が鳴くことにより他人に損害を与えてはなりません。自ら飼育しているペットの鳴き声は可愛く感じますが、他人からすると騒音となり気になることがあります。鳴き声で他人に迷惑をかけた場合は、動物の占有者として責任を問われることになります（民法718条）。動物愛護管理法１条では、「この法律は、……動物の管理に関する事項を定めて動物による人の生命、身体及び財産に対する侵害並びに生活環境の保全上の支障を防止し、もつて人と動物の共生する社会の実現を図ることを目的とする」と規定されていますし、動物の所有者または占有者の責務等について規定する同法７条でも、「動物の所有者又は占有者は、命あるものである動物の所有者又は占有者として動物の愛護及び管理に関する責任を十分に自覚して、……動物が人の生命、身体若しくは財産に害を加え、生活環境の保全上の支障を生じさせ、又は人に迷惑を及ぼすことのないように努めなければならない」と

規定されています（Q３以下参照）。これらの中には、犬の鳴き声で他人の生活環境を乱し他人が平穏に暮らす権利を侵害することのないように努めることも含まれます。

2　対応の方法――まずは話合いを

ご質問の場合、近隣間でのトラブルなので、いきなり訴訟をするより、話合いで解決することが望ましいでしょう。

隣の人に事情を説明し、しつけを厳しくして犬が鳴かないようにしてもらう、防音窓や防音壁を設けて騒音を減少させる、多頭飼育をしている場合には新しい飼い主を探してもらう、去勢・避妊手術を施して性格を温厚にする、犬が鳴く原因がストレスにあるのであれば散歩を定期的にしてもらうなどして、鳴かないようにしてもらいましょう。また、飼育環境の改善ができないか話し合ってみましょう。夜の間だけでも家屋内に入れてもらったり、人の姿に反応して鳴く場合もあるので人の姿が見えないように犬小屋の向きや場所を変えてもらったりすることが有効な場合もあります。

3　行政機関への相談

また、行政機関に事情を説明し、動物愛護管理担当職員や動物愛護推進員に相談してみましょう。前述のような鳴かないようにするための方法など、適切なアドバイスを得られることがあります。

令和元年の改正で、動物の飼養、保管または給餌もしくは給水に起因した騒音について、都道府県知事が、必要な指導および助言をすることができることになりました（動物愛護管理法25条１項）。

また、多頭飼育により鳴き声がうるさくなっている場合では、都道府県知事は、改善の勧告や命令を出すこともできます（同法25条２項・３項）。

4 司法機関――仮処分の検討も

行政機関の対応だけでは、うるさい鳴き声が改善されないことがあるでしょう。また、隣の人が話合いに応じてくれない場合もあるかもしれません。

そのような場合は司法手段を用いることになります。犬の鳴き声がうるさいとして損害賠償を求めた事案で、裁判所が飼い主に対し賠償を命じた裁判例もあります（東京地裁平成7年2月1日判決・判時1536号66頁）。これは、深夜および早朝にわたり犬が異様に鳴き続け、飼い主が交渉にも応じない場合に、損害賠償が認められたものです。

本裁判を行う前に、犬が鳴くのを止めさせるように、仮処分を求めることも考えられます。

仮処分とは、権利関係が将来確定することを予定しつつ、暫定的な措置を命ずる裁判のことです。仮処分には、係争物に関する仮処分と仮の地位を定める仮処分の2種類があります。係争物に関する仮処分とは、係争物の現状を変更されると、将来の権利行使が妨げられたり、著しく困難になったりする場合に発令されるもの（民事保全法23条1項）、仮の地位を定める仮処分は、争いがある権利関係について、債権者に生ずる著しい損害または急迫の危険を避けるために発令されるものです（同条2項）。ご質問のような場合、現実に被害を受けている者が、犬の鳴き声を止めさせるために、犬の鳴き声が聞こえなくなるように仮の地位を定めるよう仮処分を申請することも可能でしょう。仮処分の手続の中で、相手方と和解をすることもあり得ます。

鳴き声のうるささを客観的に測定するために、騒音測定器を用いて数値化し証拠化することもあり得ます。

飼い主が、近隣の住人をノイローゼにさせようとして、あえて犬を吠えさせ続けたときには、刑法上の傷害罪（刑法204条）が成立することもあり得ます。

コラム⑪　猫への餌やりによる責任

将棋の元名人が東京都三鷹市の集合住宅である自宅で動物愛護の目的から屋外で猫に餌を与え続け、近隣住民に糞尿被害、自動車に傷をつける等の損害をもたらしたとして、近隣住民が猫への餌やりの禁止と人格権の侵害による慰謝料などの損害賠償を請求した事案で、平成22年５月13日、東京地方裁判所立川支部は、元名人が多数の野良猫に対しダンボールやタオルを提供し餌を与え続けた行為は猫の飼い主としての行為であるとし、猫への餌やりの禁止、さらに原告らに対する約204万円の支払いを命じました（判時2082号74頁）。

動物愛護の精神があるにせよ、屋外であっても、猫に餌や住家を提供し続けると飼い主として責任を負うということです。野良猫に対する安易な餌やりには気を付けなければいけないといえるでしょう。

第4章

ペットの医療をめぐるトラブル

Q35　獣医師には、診療上、どのような義務があるか

飼い猫の体調が悪いため、獣医師の診療を受けましたが、特に検査や症状の説明もなく、「様子をみましょう」と言われました。獣医師の診療を受ける場合、どのようなことをお願いできるのでしょうか。

▶▶▶ Point

① **獣医師は、正当な理由がなければ診療を拒否できません**

② **獣医師法上の義務**

③ **診療契約に基づく義務**

1　獣医師法上の義務

ペットを動物病院に連れて行った場合、獣医師にはどのような義務が発生するのでしょうか。

診療を業務とする獣医師は、診療を求められた場合、正当な理由がなければ診療を拒否できません（獣医師法19条1項）。正当な理由とは、そのときの状況や動物の状態により、たとえば獣医師自身の病気や不在など、社会通念上診療ができない場合をいいます。これに違反して診療を拒否した場合、罰則規定はありませんが、場合によっては、免許の取消しや営業停止処分の対象となります（同法8条2項）。

診療をした場合には、診療に関する事項を診療簿に遅滞なく記入しなければならず、診療簿は3年間保存する義務があります（獣医師法21条）。また、獣医師は診断書・出生証明書・死産証明書・検案書の交付を求められた場合、正当な理由がなければこれを拒否することはできません（同法19条2項）。

なお、令和元年の動物愛護法改正で同法上の義務として、獣医師の通報義

務が規定され、みだりに殺されたとおもわれる動物の死体や、みだりに傷つけられたり、虐待を受けたと思われる動物を発見した場合は、「遅滞なく」都道府県知事等に通報しなければならないと規定されました（動物愛護管理法41条の２。Ｑ６参照）。

2　飼い主との診療契約に基づく義務

診療をしてもらう場合、飼い主と獣医師との間には、どのような契約関係が成立するのでしょうか。

ペットの飼い主は、個人病院の場合は獣医師と、病院が法人化されている場合はその法人と、診療契約を締結したこととなります。

診療契約は、飼い主が獣医師に対して、獣医学的知見に基づいて診療行為を行うことを委任し、治療費等を支払い、獣医師は飼い主からの依頼を受けて診療行為を行う契約です。民法上は準委任契約（民法656条）に該当し、委任に関する規定が準用されます。獣医師は、善良な管理者の注意をもって診療行為をすることが必要となります（善管注意義務：同法644条）。

獣医師は、動物の診察をし、獣医学的に必要な検査・処置をしなければなりません。また、治療方法に選択肢がある場合は、飼い主が自分のペットに適切な治療法を選択できるよう、診療内容について、飼い主に対し説明をしなければならないという説明義務があります（詳しくはQ36参照）。

以上のような、獣医師に求められる診療行為をしていない場合は、診療契約上の債務不履行として民事上の損害賠償請求の対象となります。

3　ご質問の場合

ご質問のケースは、獣医師に症状の説明を求め、検査の要否、今後の治療の要否を確認することが先決であると思います。そのうえで、経過観察でよいのかどうか検討し、納得がいかなければ他の獣医師にセカンドオピニオンを求めるのも有効でしょう。

Q36　治療にあたり十分な説明をしなかった獣医師に責任はあるか

獣医師が飼い犬の症状につき十分な説明をしてくれなかったため、望まない高額の治療を受けさせられ、症状もよくなりませんでした。納得できないのですが、獣医師から請求された治療費は、全額支払わなくてはならないのでしょうか。

▶▶▶Point

① **獣医師の説明義務**

② **インフォームド・コンセント**

③ **飼い主の自己決定権**

1　獣医師の説明義務

飼い主が獣医師に診療を依頼して、獣医師がこれを引き受けた場合には、飼い主と獣医師との間で診療契約が成立します（Q35参照）。この診療契約に基づき、獣医師は飼い主に対し、診療内容について説明する義務（民法645条）を負います。説明義務を果たしていない場合には、債務不履行責任を負います。

ペットが病気になったりけがをしたりすると、治療をするかしないかという選択が必要になる場合があります。たとえば、高齢のペットがガンで、手術をすれば延命する可能性があっても、苦痛を与えるより余命を大事に過ごしたほうがよいとして、手術をしないという選択が考えられます。

また、ペットの医療も高度化していますので、高額の医療費がかかる場合にどの程度の処置までするか、治療方法が複数ある場合にどの方法を選択するかなど、飼い主による決定が必要になります。このような飼い主の決定は、専門家である獣医師の十分な説明がなければ、納得のいく選択はできません。

2　飼い主の自己決定権とインフォームド・コンセント

獣医師の十分な説明に基づき、飼い主が同意することを、「インフォームド・コンセント」といいます。

公益社団法人日本獣医師会は、平成11年９月、「インフォームド・コンセント徹底宣言」を行いました。同宣言では「動物医療におけるインフォームド・コンセントとは、適正な医療サービスを提供することを目的として、獣医師と飼い主とのコミュニケーションを深め、診療に際し、受診動物の病状および病態、検査や治療の方針・選択肢、予後、診療料金などについて、飼い主に対して十分説明を行ったうえで、飼い主の同意を得ながら治療等を行うこと」を意味するとされています。

飼い主の側からみると、自分のペットは法律上、自分の所有物になりますので、獣医師による説明は、その所有物に関して自分が決定する権利、すなわち自己決定権を全うする前提となる情報といえます。この情報が与えられなかったために、適切な自己決定を行う機会を失った場合は、自己決定権の侵害となり、不法行為に基づく損害賠償（民法709条）の対象となります。

3　説明を要する事項

飼い主は、治療をしてもらうのが目的で獣医師と診療契約を結んでいますので、通常行われる検査や投薬などの費用について、すべて獣医師の説明を受けてからでないと診療できないというのは、煩雑で実際的ではない面があります。

そのため、獣医師が行うすべての治療について、逐一、獣医師による説明と飼い主による承諾が必要とまではいえず、説明がない場合のすべてが説明義務違反や自己決定権侵害として損害賠償の対象となるとまで解することはできません。治療行為の相当性、緊急性、リスク、選択可能な他の治療方法の有無、費用の妥当性等の具体的事情により、説明義務違反の有無、自己決定権侵害の有無が判断されると考えられます。

4 トラブル回避のために

獣医師には説明義務がありますが、飼い主側としては、診察の際に、獣医師が説明してくれるのを待つだけではなく、獣医師に対し積極的に説明を求めるようにしていくことが、トラブル回避のために重要といえます。

ペットの体調不良の原因、病名、検査の必要性の有無、必要であれば検査によってどのようなことがわかるのか、検査自体のリスクはないのかなどを確認しましょう。そして、治療が必要な場合はどのような治療法なのか、治療法が複数あるときはそれぞれのメリット・デメリットを確認すべきです。手術など、ペットの体への負担が大きい治療法を選択するときは、後悔することのないよう、手術の必要性（手術をしなかった場合にどのような状態になるのか）、他の治療法はないのか、手術の危険性はどの程度のものなのか、手術の方法、予後はどうか、手術の料金などをしっかり確認するようにしましょう。

5 裁判例

裁判例では、ペットの犬の腫瘍につき、手術前に悪性・良性の判別をするのに必要な検査をして飼い主に治療法の説明をすべき診療契約上の義務があったのに、検査を実施せず、説明義務を尽くさないまま手術をし、犬が死亡した事案で、飼い主の有するペットに対する治療法選択に関する自己決定権が侵害されたとして、治療費、慰謝料（２人分）、弁護士費用の合計42万円の損害賠償を認容したケースがあります（名古屋高裁金沢支部平成17年５月30日判決・判タ1217号294頁）。

6　ご質問の場合

ご質問のケースについて、通常行われる検査や投薬などの費用については、社会的に相当な範囲の費用であれば、支払わなければならないでしょう。しかし、費用が不当に高額な場合や、事前に聞いていない特殊な治療が行われたため高額になったような場合は、あなたの同意なく行われたものとして、通常の金額まで減額されるべきといえます。

また、獣医師が十分な説明をしていないようですので、治療内容、どのような効果を期待しての治療なのか、なぜ期待した効果が出なかったのかなどの説明を求めることができます。その説明を聞いても納得できない場合は、高額の診療費については支払いを拒否することが考えられます。

Q37　手術に必要な検査をしておらず飼い犬が死んだ場合、獣医師の責任を追及できるか

飼い犬に腫瘍ができたため獣医師に診せたところ、「手術が必要」と言われたので手術をしましたが、飼い犬は術後すぐに死んでしまいました。獣医師に説明を求めたところ、手術前に必要な検査をしておらず、手術内容に疑問が残ります。この獣医師に責任はないのでしょうか。

▶▶▶ Point

① **診療契約に基づく善管注意義務違反による責任追及**

② **不法行為に基づく責任追及**

③ **損害賠償責任が認められるには、相当因果関係が必要です**

1　診療契約に基づく善管注意義務違反による責任追及

ペットを治療する獣医師はどのような義務を負うのでしょうか。

診療契約は、飼い主が、獣医師に対して、獣医学的知見に基づいて診療行為を行うことを委任し、治療費等を支払い、獣医師は、飼い主からの依頼を受けて診療行為を行う契約です。民法上は準委任契約（民法656条）に該当し、委任に関する規定が準用されており、獣医師は、善良な管理者の注意をもって診療行為をすることが必要となります（善管注意義務：同法644条）。

獣医師は、動物の診察をし、獣医学的に必要な検査・処置をしなければなりません。また。治療方法に選択肢がある場合は、飼い主が自分のペットについて適切に治療法選択ができるよう、飼い主の自己決定権行使の前提となる説明をしなければならないという説明義務があります（Q36参照）。

獣医師がこのような義務に違反した場合は、債務不履行責任（民法415条）を問われ、損害賠償請求の対象となります。

獣医師に善管注意義務違反があるかについては、平均的な獣医師であればするであろう検査等をしたか、処置は適切であったか、薬の処方は適切であったかなどが問題になります。

2　相当因果関係

損害賠償請求をするには、獣医師の善管注意義務違反の行為があり、ペットの死亡等による損害が発生しているだけでなく、善管注意義務違反行為と損害との間に相当因果関係があることが必要になります。相当因果関係とは、獣医師のミスがなければペットの死亡等の結果がなかったであろうという原因・結果の関係をいいます。

獣医師のミス、たとえば獣医師がペットのガンを見落としたとしても、ペットのガンが末期で救済できない時点での診療であった場合には、獣医師のミスの有無にかかわらず死という結果を避けることはできませんので、獣医師のミスとペットの死亡に相当因果関係はないことになります。善管注意義務違反があっても、相当因果関係がなければ損害賠償請求はできません。

3　不法行為に基づく責任追及

診療契約上の責任がなくても、故意または過失による違法行為により他人に損害を与えた場合、民法上の不法行為（民法709条）に当たり、損害賠償請求をすることができます。

この場合は故意または過失があったかが重要な争点になりますが、不法行為責任を問う場合の故意または過失の立証と、前述した債務不履行責任の場合の善管注意義務違反の立証とはほぼ重なるので、どちらの責任に基づく追及のほうがよいということは必ずしもありません。ただ、責任追及できる期間については違いがあります。債務不履行責任は債権者が権利を行使できるときから10年（平成29年改正前民法167条１項）とされていますが、令和２年４月１日から施行される民法においては、債権者が権利を行使できる時から

10年が経過したときに加えて、債権者が権利を行使することができることを知った時から５年が経過したときも、債権は時効によって消滅するとされています（民法166条１項）。

不法行為責任は被害者等が損害および加害者を知った時点から３年、行為の時点から20年（同法724条）となっており、異なることに注意が必要です。

４　損害の内容

獣医師の損害賠償責任が認められた場合の損害賠償の内容については、Q40を参照してください。

５　ご質問のケースの検討

ご質問の場合、獣医師には必要な検査をしていないという善管注意義務違反があると考えられますので、この獣医師の善管注意義務違反とペットの死の結果との相当因果関係があるかを具体的に検討することになります。

コラム⑫　裁判を起こすかどうか

大切なペットを傷つけられた場合や喪ってしまった場合、飼い主が相手方に対して法的責任を追及したいと考えるのは当たり前のことです。

相手方が素直に非を認め、話し合いで解決することができればよいのですが、必ずしも話し合いがうまくいくとは限りません。相手が話し合いに一切応じてくれなかった場合や話し合いが物別れに終わった場合に、裁判を起こすかどうかは大きな問題です。

☆民事裁判とは

民事裁判は、裁判所が、当事者である原告・被告双方が提出した証拠に基づき、事実を認定し、原告の法的請求が認められるかどうかを判断し、争いに決着をつける手続です。

民事裁判を提起すれば、判決という形で、裁判所の判断を得ることができますので、被告の法的責任の有無や争いのある事実の存否を明白にすることができます。

また、民事裁判に被告が出頭せず、争わなかった場合には、被告にとって不利な判決が出されることになりますので、特に法的責任を否定したい被告としては裁判に対応せざるを得ないことになります。被告は、原告の主張とは全く異なる事実関係を主張したり、自らに非がない旨を主張したりすることができます。

さらに、民事裁判の中では話し合いによる解決（訴訟上の和解）をすることも可能ですので、被告に裁判に出てきてもらったうえで、裁判手続の中で話し合いによる解決を図ることもできます。

そして、判決により原告の損害賠償請求が認められたにもかかわらず、被告がこれを支払わないような場合には、強制執行といって、被告の預金の差押えや給与の差押えをすることにより、損害賠償金の回収を図ることができます。和解で支払いを約束したにもかかわらず、支払いをしないような場合にも、強制執行をすることができます。

しかし、民事裁判は、原告による法的請求が認められるかどうかを判断する手続ですので、被告の道義的責任を追及したり、法的な請求でない請求をしたりすることはできません。

また、法的な請求の基礎となる事実関係は、証拠により証明しなければなりません。裁判所は、証拠に基づき事実を認定するのであり、証拠に基づかない推測だけでは立証が不十分として、負けてしまいます。残念ですが、裁判によって明らかになるのは、絶対的な真実ではなく、証拠に基づいて認定される事実だけなのです。

☆獣医療過誤訴訟の特徴

獣医療過誤の裁判では、獣医師の法的責任の前提となる治療行為の内容や過失の存在を証明しようとしても、カルテ等の治療行為に関する証拠がすべて獣医師側にあり、またカルテに記載されていない事実を主張した場合にそれらの事実を裏付ける証拠がないなどのケースがありますので、証拠によって証明できるかどうかが問題となります。

また、獣医師の法的責任を追及する際には、一般的な獣医療水準からみて、当該獣医師の行為が違法といえるのかが問題となるため、最先端の獣医療水準が基準になるわけではありませんし、妥当であったかどうかではなく、違法といえるのかどうかが問題となります。そのため、原告に協力してくれる獣医師の存在が重要です。

裁判をした結果、原告の法的請求が認められたとしても、動物に関する紛争については、実際に認められる損害額や慰謝料額は大きな金額ではありません。そのため、費用面では赤字になってしまうことも珍しくありません。

民事裁判は、法的責任を追及する手段としては有効な方法ではありますが、以上のような問題もありますので、獣医師や弁護士などの専門家としっかり相談したほうがよいでしょう。

Q38 手術の際の「病院は一切責任を負わない」とする同意書は有効か

飼い猫が動物病院で手術を受ける際、「手術により生じた事態に病院は一切責任を負わないことに同意する」という同意書を書かされました。手術にミスがあっても、獣医師の責任を一切問うことはできないのでしょうか。

▶▶▶ Point

① **同意書を書いたからといって、獣医師の責任が問えないわけではありません**

② **消費者契約法からも、一切責任を負わないとする条項は無効です**

1 獣医師の法的責任

獣医師にペットの診療を依頼することで、獣医師と飼い主の間には、ペットの診療を内容とする診療契約が結ばれたことになります。民法上は準委任契約という契約となり、診療にあたって、獣医師は、善良なる管理者としての注意をもって診療することが必要になります（善管注意義務：Q35参照）。手術についても同様で、獣医師は善管注意義務を負っています。この義務に違反してミス等があった場合、債務不履行となり、獣医師は損害賠償責任を負います（Q37参照）。

2 同意書の本来の意味

入院や手術の際に用いられる同意書は、本来は、入院や手術という治療方針について、飼い主が事前に説明を受け、当該治療方針に同意したことを明らかにする書面です。つまり、口頭の説明だけでは、後から、言った言わないという争いになる可能性があることから、争いを防ぐために作られるのです。

3 「一切責任を負わない」という条項の有効性

手術前にご質問のような同意書を差し入れていた場合、手術などの治療行為にミスがあったとしても責任を追及できないのでしょうか。

参考になるものとしては、人の医療についての裁判例ですが、同意書の効力が問題となった事例があります。このケースでは、手術の結果について一切の異議を述べない旨の契約書は無効とされています（最高裁昭和43年７月16日判決・判時527号51頁）。

ご質問の場合も、手術に先立ち、どのような過失行為がなされるのか予見できないわけですから、過失行為があった場合の損害賠償請求権をあらかじめ放棄するということは、予見できないことについて判断を強いることになってしまいますので、無効といえます。獣医師と、ペットに手術をさせざるを得ない飼い主の立場との優劣関係、専門家と素人という対等ではない関係にあることを考えても、同意書の記載内容は不当といえます。

4 消費者契約法

事業者と消費者の間の契約について適用される消費者契約法は、獣医師と飼い主の契約にも適用されます。消費者契約法は、事業者と消費者との情報や交渉力の格差にかんがみ、事業者と消費者との間の契約で、事業者の債務不履行により消費者に生じた損害を賠償する事業者の責任の全部を免除する条項を無効としています（消費者契約法８条）。

ですから、同意書にある「手術により生じた事態に病院は一切責任を負わないことに同意する」との条項は、消費者契約法により無効となります。

コラム⑬　獣医療過誤訴訟の動向

獣医師が故意または過失によりペットの飼い主に損害を与える事例が増えています。正確な統計はありませんが、新聞などに報道される事例は確実に増えています。古い裁判例では、昭和43年５月13日に、東京地方裁判所の判決で財産的損害および飼い主の慰謝料として総額５万円の損害賠償を獣医師に命じたものがあります（判タ226号164頁・判時528号58頁）。一方、飼い主が勝訴し財産的損害として110万円の支払いを命じた場合であっても、愛玩動物としてでなはく商品用の飼育であったことを理由に慰謝料の請求を認めなかった裁判例（大阪地裁平成９年１月13日判決・判タ942号148頁・判時1606号65頁）もあります。これらの裁判例は獣医師側に賠償を命じるものですが、獣医師の賠償責任を否定した東京地裁平成３年11月28日判決（判タ787号211頁）もあります。これは、獣医師から飼い主に対し債務不存在確認訴訟を起こした事案でした。

これらの裁判例を踏まえ、ペットが獣医療ミスにより死亡したときの飼い主の精神的苦痛に対する慰謝料の金額は、５万円程度というのが以前の相場でした。その後、10年ほどで慰謝料額は増加しました。宇都宮地裁平成14年３月28日判決（判例集未登載）では20万円、東京地裁平成16年５月10日判決（判タ1156号110頁・判時1889号65頁〔日本犬スピッツ真依子ちゃん事件〕）では夫婦の合計で60万円、名古屋高裁平成17年５月30日判決（判タ1217号294頁）では原告２人あわせて30万円、東京地裁平成18年９月５日判決（判例集未登載〔バロン君事件〕）では50万円、東京高裁平成19年９月27日判決（判時1990号21頁〔ナオちゃん事件〕）では原告３人あわせて105万円の慰謝料を認めています。また、１人の獣医師に対して起こされた５件の集団訴訟では、詐欺・動物傷害などを理由に、慰謝料合計140万円を含む、総額316万円の賠償を命じたものもあります（東京地裁平成19年３月22日判決・東京高裁平成19年９月26日控訴棄却・判例集未登載）。

さらに、獣医療ミスによりペットが死亡したのではなく、入院が長期化し、重篤な状況に陥った事案で、40万円の慰謝料を認めたものがあります（東京高裁平成20年９月26日判決・判タ1322号208頁）。

一方で、獣医師の過失を認めたものの、ペットが余命間近であったことから３人あわせても18万円の慰謝料にとどまったという事案もあります（東京地裁平成19年９月26日判決・ウエストロー）。

Q39 裁判の証拠とするために獣医師からカルテをもらうことはできるか

ペットが誤診で死んでしまったため、獣医師に対し裁判を起こそうかと考えています。カルテに誤診に関する記載やデータがあるはずなので、カルテを証拠として手に入れたいと思うのですが、獣医師からカルテをもらうことはできるのでしょうか。

▶▶▶ Point

① **説明義務を根拠とする開示請求**

② **個人情報保護法を根拠とする開示請求**

③ **証拠保全**

1 カルテ開示の法的根拠

⑴ 獣医師法上の義務はない

獣医師は、獣医師法上、カルテの記載義務（同法21条1項）や保管義務（同条2項）を負っています。しかし、獣医師法にはカルテの開示義務についての定めはありません。

⑵ 診療契約に基づく説明義務

飼い主と獣医師との間には診療契約が成立しています。そして、獣医師は、診療契約に基づく説明義務を負っています。獣医師が、飼い主に対し、ペットの状態を説明する方法の1つとして診療内容を記載したカルテの開示を行うことは、正確かつ十分な説明を行い、説明義務を果たすうえでは当然のことと考えられます。

⑶ 個人情報保護法

飼い主についての住所録および動物についての診療記録等は、特定の個人を識別できる個人情報に該当します。

獣医師または動物病院が個人情報取扱事業者に該当する場合には、個人情報保護法上、本人から当該本人が識別される保有個人データの開示を求められたときは、原則として、遅滞なく、当該保有個人データを開示しなければなりません（個人情報保護法28条２項本文）。

2　任意の開示に応じない場合

獣医師がカルテを開示してくれない場合や、開示を求めた場合に改竄（ざん）されてしまう可能性があるため任意の開示を求めず強制的にカルテを入手したい場合には、証拠保全という方法が利用されています。

証拠保全は、訴訟における本来の証拠調べまで待っていては、証拠調べが不能または困難になる緊急性のある証拠についてなされるもので、裁判所に申し立てることが必要です。

証拠保全が認められると、裁判所が申立人とともに、いわば抜き打ちで病院に行き、カルテ等のコピーを入手します。動物病院がコピー機を使わせてくれるとは限りませんので、東京地方裁判所では、弁護士が専門のカメラマンを同行し、このカメラマンがカルテやレントゲン等の記録をカメラで撮影し、あとでプリントするという方法で行われることが多いようです。電子カルテシステムをとっている動物病院の場合には、データを出力（印刷）してもらいますが、更新履歴を反映させた形で該当部分を出力してもらいます。

証拠保全には、カメラマン等の費用がかかってしまいますし、保全した資料の謄写（コピー）が出来上がるまでに時間がかかります。また、個人ではなかなか申立てができないため弁護士に依頼する必要もあります。

なお、証拠保全の手続は、裁判とは別の手続ですから、証拠保全をしたからといって必ずしも裁判をしなければならないというわけではありません。カルテ等を取り寄せた後、内容を検討し、本格的に訴訟をするか再度検討することになります。

Q40　獣医療ミスでペットが死んだ場合にどのような請求ができるか

　ペットが動物病院の医療ミスで死んでしまいました。病院を訴えたいと思いますが、裁判所ではどのような損害を認めてもらえますか。金額はどのくらい認めてもらえるのでしょうか。

▶▶▶ Point

①　認められるのは、獣医療ミスと相当因果関係のある損害です

②　慰謝料を請求することもできます

1　損害賠償請求できる範囲

　ペットが獣医療ミスにあった場合、損害賠償として動物病院に請求できる損害は、獣医療ミスと相当因果関係のある損害になります。具体的には、次のようなものが考えられます。

①　ペットの財産的価値

②　交配が予定されていれば交配料、ペットがタレントをしていればテレビ出演料などの逸失利益

③　動物病院へ支払った治療費

④　治療ミスのために他の動物病院にかかった場合の治療費

⑤　治療のための交通費

⑥　ペットの治療のために購入した物品代

⑦　葬儀費用

⑧　慰謝料

⑨　弁護士費用

2　ペットの財産的価値

ペットの財産的価値とは、ペットが血統書付きで商品価値がある場合の時価、購入価格などを参考に、飼い主が「所有物」であるペットを失った経済的な損害を指します。

実際の裁判では、血統書付きアメリカンショートヘアーの猫につき30万円で購入し、その後入賞実績があったものについて、繁殖は考えていなかったことを総合考慮し、50万円の損害を認めた事例（宇都宮地裁平成14年３月28日判決・判例集未登載）、血統書付きボクサー種の犬につき27万円と評価した事例（東京高裁昭和36年９月11日判決・判時283号21頁）、約８歳のポメラニアンで血統書の存否のわからない犬につき８万円とした事例（春日井簡裁平成11年12月27日判決・判タ1029号233頁）、母猫および胎児の子猫が死亡した事例で、母猫、父猫はアメリカ愛猫家団体からチャンピオンの認定を受けており、母猫30万円、胎児２匹合計40万円とした事例（大阪地裁平成９年１月13日判決・判タ942号148頁）があります。

また、獣医療過誤事件の裁判例ではありませんが、交通事故で亡くなった盲導犬について260万円とした事例があります（名古屋地裁平成22年３月５日・判時2079号83頁）。

3　慰謝料

慰謝料については、猫の避妊手術の依頼を受けたが、ミスにより猫が死亡した事案で20万円の慰謝料が認められた事例（前掲宇都宮地裁判決）、糖尿病の犬のインシュリン投与を怠ったために死亡した事案で飼い主夫婦１人につき30万円・合計60万円の慰謝料を認めた事例（東京地裁平成16年５月10日判決・判時1889号65頁）、腫瘍切除手術に際して飼い主に悪性の可能性を説明せず手術し、犬が死亡した事案で、治療選択に関する自己決定権を侵害したとして飼い主夫婦１人につき15万円・合計30万円の慰謝料を認めた事例（名古屋高裁金沢支部平成17年5月30日判決・判タ1217号294頁）があり、最近では飼い主1人につき20万円から30万円代の慰謝料を認めるケースが出てきています。一方で、獣医師の過失を認めたものの、ペットが余命間近であったことから3人あわせても18万円の慰謝料にとどまったという事案もあります（東京地裁平成19年9月26日判決・ウエストロー）。

ペットが死亡しなかったケースでは、腫瘍のできたフェレットに必要のない手術をして慢性腎不全になり他院に転院して一命をとりとめたケースで、飼い主から治療費をとろうとして詐欺的行為を行ったと認定し慰謝料として30万円を認めた事例（東京地裁平成19年3月22日判決・裁判所HP）、飼い猫に獣医学的な裏づけを欠く極めて不適切な治療を施したことにより、眼部に虹彩後癒着、視覚障害、外傷性白内障等の後遺症を生じさせたと認定し慰謝料として5万円を認めた事例（東京地裁平成20年6月18日・TKC）があります。

珍しいケースとしては、治療中の飼い猫の最期を看取れるように動物病院に依頼したのに連絡がなく死に目に会えなかった事案で、猫の最期を看取りたいとの要望に応える診療契約上の注意義務を怠ったとして3万円の慰謝料を認めた裁判例があります（浜松簡裁平成18年11月22日判決・判例集未登載）。

4 弁護士費用

弁護士費用については、損害賠償請求の金額の1割程度が認められていますが、実際に支払った弁護士費用全額が認められているというわけではありません。

なお、実際の弁護士費用については、依頼する弁護士と相談して決めることになります。

コラム⑭　アメリカペット獣医療過誤訴訟等

アメリカでも、ペットを家族の一員として飼う家庭は日本と同様に多く、ペットに関する訴訟も起きています。特に、ペット病院、ペットの美容院などで起きたけがや死亡事故などをめぐるトラブルは、訴訟にならないケースも含め、多数起きているのが現実ではないかと思われます。弁護士事務所や動物関係の NPO 法人などのホームページを見ると、「ペットが医療事故に巻き込まれないためには、症状や処置について、よく説明を聞きましょう。手術前にはセカンドオピニオンを求めましょう。術後の宿泊は、よほど納得がいき、ペットのために最善と思われる場合以外は避けましょう」等といった具体的なアドバイスも掲載されていたりします。

ペットの美容室では、シャンプー後にドライヤーで加熱されたまま放置されて死亡したり、ペットの犬が耳をカットされ糊づけされていたなどという信じられないケースもあるようです。

不幸にして事故にあってしまった場合は、交渉や訴訟などで弁護士に相談することになりますが、訴訟については躊躇（ちゅうちょ）するケースもあるようです。なぜなら、アメリカの各州の法律は、日本の法律と同様に、ペットは飼い主の所有物であり、物と同じ扱いがなされるため、仮に勝訴しても、獲得できる金額が低い額にとどまり、費用倒れが予想されるケースも多いからです。具体的には、ペットの購入価格、ペットを新しく買い換えるのにかかる代金、ペットに支払った医療費などは認められますが、それ以外の、ペットの死亡による飼い主の精神的苦痛による慰謝料などといった、ペットを家族の一員としてとらえた価値を前提とする損害は、原則として認められません。

アメリカの損害賠償請求訴訟では、その行為の悪質性が大きい場合は、懲罰的損害といって、純粋には原告に発生した損害ではありませんが、通常の賠償に加えて罰金的な意味合いの損害賠償を請求するしくみがあります。それを利用し、悪質な獣医師には、飼い主が、懲罰的損害の賠償を請求しているケースも見受けられます。ただ、実際のところ、なかなか認められにくいのが現状のようです。そのため、総合的にみると、原告側で証言してくれる獣医師への謝礼や、弁護士費用、訴訟費用などとの兼ね合いで、赤字になることも少なくないようです。

とはいっても、家族の一員を亡くしたり、後遺症を負わされた飼い主は納得できるはずもなく、実際に訴訟を起こし、裁判例として残るケースもあります。家族としてのかけがえのない価値を立証し、慰謝料請求をしたり、懲罰的損害を求める飼い主の努力により、裁判所によっては、個々の飼い主にとって、ペットがかけがえのない価値を有し、代替できないものであることを認めるケースが、少しずつではありますが出てきています。そういった事案では、ペットが飼い主にとって精神的な価値のあるものとして、日本円に換算して、数万円から数十万円程度の損害を認めるものもあり、この点はアメリカも日本と同様の傾向にあります。飼い主の努力が、一歩ずつですが、裁判所を動かしている段階といえるでしょう。

具体的なケースでは、愛馬をなくした飼い主の精神的損害として250ドルを認めたケースがあります。また、獣医療過誤のケースではありませんが、飼い犬が故意に殺害されたケースで、被告に4000ドルの懲罰的損害が認められた地方裁判所の判決があります（ただし、後に高等裁判所で逆転し認められませんでした)。珍しいケースでは、ショーに使用され芸当をしていた犬が、医療事故による後遺症で、芸当ができなくなり、興行収入を得ることができなくなったケースで、飼い主に逸失利益の損害5000ドルが認められたケースがあります。

〈参考〉http://animallaw.info/cases/topiccases/catopd.htm
http://www.peta.org/issues/companion-animals/veterinary-malpractice-grooming-accidents.aspx

Q41 獣医療過誤訴訟で獣医師の鑑定は必要か

ペットの診療でミスがあったので、獣医師を裁判で訴えたいと思います。裁判では、協力してくれる獣医師の協力や鑑定は必要なのでしょうか。

▶▶▶ Point

① **鑑定とは**

② **獣医療過誤訴訟は専門的知識を要する裁判なので、協力してくれる獣医師の存在は重要です**

1 訴訟手続における鑑定

専門的知識を要する判断が要求される裁判の場合において、裁判官の判断能力を補充するため、専門的知識を有する者の意見を求める手続を「鑑定」といいます。鑑定は当事者の申出により行われます。しかし、鑑定は、裁判官の判断能力を補充するものですから、当事者が鑑定を申請しても、鑑定が行われるか否かは裁判官の裁量によります。ですから、すべての専門的知識を要する訴訟で必ず鑑定が行われるというわけではありません。これは、獣医学の専門知識を有する獣医療過誤の分野でも同様です。

2 協力してくれる獣医師がいたほうがよい

獣医療過誤に関する裁判では、問題となる診察・処置が獣医学的に妥当かどうかが争点となります。被告である獣医師や動物病院は、獣医療の専門家ですが、原告である飼い主や代理人の弁護士は獣医療の専門家ではありません。そのため、協力してくれる獣医師がいるに越したことはありません。

裁判用の意見書、鑑定書を作成してくれる獣医師がいればお願いしたほうがよいですが、仮にその獣医師が裁判にはかかわりたくないという場合でも、ミスがあったのかについてアドバイスを求めたり、カルテやレントゲン写真等を見てもらい問題点を指摘してもらったり、関連する獣医学文献を教えてもらったりすることは、訴訟を進めるうえで重要です。協力してくれる獣医師の意見と同じ内容が書かれている獣医学文献があれば、その文献が証拠となります。

実際の裁判においても、協力してくれる獣医師の意見書がなくても、文献の提出で手続を進めているケースもありますので、獣医師の鑑定書がなければ訴訟ができないというわけではありません。

Q42 医療過誤を繰り返すような獣医師の免許の停止や取消しはできないのか

私の飼っている犬が獣医療過誤にあいました。いろいろ調べてみたら、その獣医師は何度も獣医療過誤を繰り返しており、悪質な獣医師のようです。このような獣医師に対し、免許の取消しなどはできないのでしょうか。

▶▶▶ Point

① **獣医師の監督官庁は農林水産省です**

② **獣医師免許の取消しや営業停止の行政処分があります**

1 監督官庁は農林水産省

免許の取消しや営業停止は行政処分であり、監督している官庁が行います。

獣医療を監督している主務官庁は農林水産省です。農林水産省は、獣医師が適正に職務を行っているか、獣医師法などに則って指導・監督をします。公益社団法人日本獣医師会、都道府県に通達を出したりもします。

2 獣医師免許の取消しおよび営業停止

獣医師法８条２項１号～４号では、獣医師の免許の取消しや業務停止について定めています。具体的には、次のような場合に該当する場合、農林水産大臣は、獣医事審議会の意見を聴いて、その免許を取り消し、または期間を定めて、その業務の停止を命ずることができると定めています。

① 診察を業務とする獣医師が、診察を求められたときに正当な理由がないのに診療を拒んだ場合

② 届出（獣医師法22条）をしなかった場合

③ 罰金以上の刑に処せられた者や獣医師道に対する重大な背反行為・著しく徳性を欠くことが明らかな者など

④ 獣医師としての品位を損ずるような行為をしたとき

民事上の獣医療過誤訴訟で過失が認められた場合、必ずしも③④に該当し処分されるというわけではありませんが、悪質な場合には、処分される可能性があります。実際に、「手術をしないと危ない」などと嘘を言って、必要のない手術や検査を繰り返し、不正に治療費を得ていたとして、獣医師が営業停止３年の処分を受けた事案があります。しかし、動物の診療行為をめぐって獣医師に業務停止の処分が行われたのはこれが初めてのケースです。

ご質問のケースについても、③または④に該当するようにも思われますが、農林水産省に申出をしても、実際の処分にまで至るのはなかなか難しいのが現状です。

Q43 攻撃的なペットでも獣医師は必ず診療しなければならないのか

私は獣医師ですが、飼い主の話では、飼い主以外には慣れず攻撃性のあるという犬が診療を受けにきました。この場合、診療を断ることができるでしょうか。また、診療を行った際に犬にけがをさせられた場合は、飼い主に治療費等の請求ができるでしょうか。

▶▶▶ Point

① **獣医師法上、正当な理由がなければ診療を拒否できません**

② **けがをした場合には、治療費等の請求ができる場合があります**

1 獣医師法上の診療義務

獣医師法19条１項は、診療を業務として扱っている獣医師は、正当な理由がなければ診療を拒否できないと規定しています。ご質問のケースで問題になるのは、「ペットに攻撃性がある」という理由が獣医師法19条１項に規定されている「正当な理由」に当たるか、という点です。

獣医師は専門家ですから、ペットの攻撃性が発揮されないような方法を考え、また飼い主の協力も得ながら診療できるような方法を検討することが必要です。それでも、どうしても診療が困難な場合にはじめて正当な理由があるといえる場合もあるでしょう。

2 けがを負わされた場合

獣医師が攻撃性のあるペットに診療を行った際にペットによりけがを負わされた場合、治療費等の損害賠償請求ができるでしょうか。

飼い主は、ペットが他人に損害を与えないようにしなければならず、ペットが他人に損害を与えた場合は賠償責任を負います（民法718条、Q20参照）。攻撃性のあるペットの場合、飼い主はそのようなペットであることを獣医師に伝え、ペットが攻撃性を発揮しない方法で診療することが可能かどうか、診療方法等を獣医師と相談したうえで診療を受ける必要があるでしょう。そのようなプロセスなしに診療を受け、獣医師にけがを負わせた場合は、飼い主は損害賠償責任を負います。

ご質問のように、飼い主がペットの性質につき獣医師に申告したうえで、獣医師が診療可能と判断し、診療をした際にペットにより獣医師がけがをさせられた場合、獣医師の判断・方法が不適切なためであれば、獣医師にも過失があることになります。この場合の損害額については過失相殺の問題となり、過失割合が検討され、損害賠償額が減額されると考えられます（Q20参照）。

コラム⑮　ペットに関する資格いろいろ

ペット数の増加やペットに対するかかわり方の変化により、新しいペットビジネスが誕生し、ペットに関わる資格も増え続けています。

国家資格としては獣医師があります。

また、人間の医療における看護師のように、獣医療においても動物看護師（動物看護士）の資格があります。これまでは民間資格としての動物看護師の資格がありましたが、令和元年に愛玩動物看護師法が制定され、国家資格としての愛玩動物看護師が認められることになりました。愛玩動物看護師は、診療の補助、愛玩動物の世話その他の愛玩動物の看護、愛玩動物を飼養する者等への助言等を業務とすることとなります。愛玩動物とは、犬、猫、その他政令で定める動物と規定されています。業務のうち、診療の補助は愛玩動物看護師の資格を有する者のみが行うことができる独占業務となっています。民間の動物看護師は、診療の補助以外の業務は、引き続き行うことは可能ですが、愛玩動物看護師法の施行後6カ月後からは、愛玩動物看護師に紛らわしい名称を使用できなくなります。

このほか、ペットに関する資格としては、年老いたペットの世話をする動物介護士、ペットの訓練やしつけを行う訓練士やペットトレーナー、ペットを預かるペットシッター、ペットのトリミングを行うトリマーなど、さまざまな民間資格があります。

このような民間資格の有無にかかわらず、業として、動物の保管、訓練、譲受け、飼育などを行う場合には、動物愛護管理法により、都道府県知事または政令市の長の登録を受け、動物の管理の方法や飼育施設の規模や構造などの基準を守らなくてはなりません。

また、第一種動物取扱業者は、事業所ごとに動物取扱責任者を選任する必要があります。この動物取扱責任者になるためには、①獣医師、②愛玩動物看護師、③実務経験等があり、かつ、専門職教育機関を卒業していること、④実務経験等があり、かつ、動物取扱業にかかる知識および技術の証明があることのいずれかの要件に該当する必要があります（施行規則9条1号）。ペットに関する民間資格のうちのいくつかが、上記の要件に該当するものとして認められています。

第5章

ペット事故をめぐるトラブル

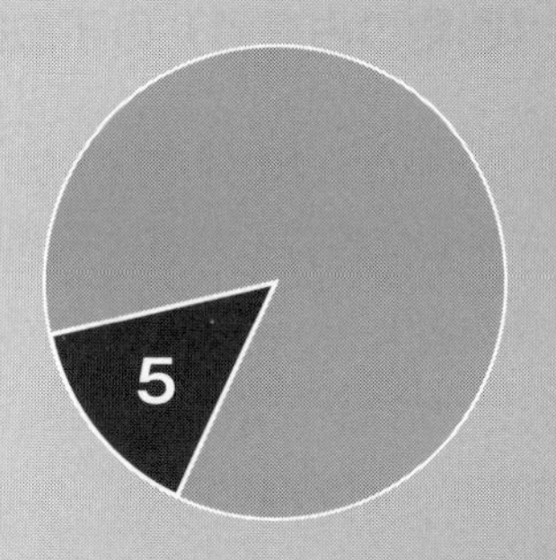

Q44 ペットが人にけがをさせてしまった場合の飼い主の責任

ペットの犬の散歩中に、犬が歩行者に咬みついてけがをさせてしまいました。飼い主はどのような責任を負うのでしょうか。旅行中に犬を預かってくれた友人が散歩してくれていた場合には、友人も責任を負うのでしょうか。また、歩行者が犬を触ろうとしたため、驚いた犬が咬みついてしまったような場合でも、飼い主は責任を負うのでしょうか。

▶▶▶ Point

① **飼い主の「動物の占有者」としての責任（民法718条１項）**

② **動物の保管者としての責任（民法718条２項）**

③ **被害者側に過失がある場合の過失相殺（民法722条２項）**

1　ペットの飼い主（動物の占有者）の不法行為責任

故意または過失によって、他人の権利または法律上保護される利益を侵害した者は、これによって生じた損害を賠償する責任を負います（民法709条）。この責任を「不法行為責任」といいます。あなたの犬が歩行者にけがをさせてしまったということは、歩行者の身体を侵害したことになります。

不法行為責任には、行為者の立場や状況によって、さらに特別な規定があります。ペットの飼い主という立場については、「動物の占有者」として、被害者の損害を賠償する責任が規定されており（民法718条）、動物の占有者は原則として動物が他人に加えた損害を賠償する責任を負うとされています。ただし、動物の占有者が動物の飼育等について相当の注意義務を尽くしていた場合には、動物の占有者は責任を負わないことになります。しかし、裁判では、この相当な注意義務を尽くしていたとして免責されることはほとんどなく、事実上、無過失責任に近い、動物の占有者にとっては厳しい規定となっています（Q20参照）。

たとえば、犬が人を咬んでいない場合であっても、吠えられたことにより人が転倒して傷害を負ったケースで、飼い主の損害賠償責任を認めた裁判例があります（横浜地裁平成13年１月23日判決・判タ1118号215頁・判時1739号83頁）。この事案は、自宅前道路に立っていた被害者に向かって、散歩中の飼い犬（ゴールデン・レトリバー）が吠えかかったことにより、被害者が驚愕のあまり歩行の安定を失って、その場で転倒し、左下腿骨骨折の傷害を負ったというケースです。裁判所は、犬の飼い主は、公道を歩行しあるいは佇立している人に対し、犬がみだりに吠えることがないように飼い犬を調教すべき義務を負っているのであるから、飼い犬が被害者に対し吠えたことは、飼い主がこの義務に違反していて過失があると判断し、約438万円の損害賠償請求を認めました。

ご質問のケースでは、動物の占有者である犬の飼い主が相当の注意義務を尽くしていたといえる場合には歩行者の損害を賠償する責任を負いませんが、そうでない限りは歩行者の損害を賠償しなければなりません。

賠償しなければならない損害としては、けがの治療費や慰謝料などが考えられます（Q48参照）。

2　動物の保管者の責任

民法718条１項は動物の占有者の責任を規定していますが、同条２項は、「占有者に代わって動物を管理する者」（保管者）も同じ責任を負うと規定しています。飼い主は通常、占有者に該当します。一方、動物を借りたり預かったりしている人は、保管者に該当すると考えられています。ですから、ご質問のケースでは、友人は保管者としての責任を負うことになります。

3　保管者の責任が認められる場合の占有者の責任

保管者である友人が損害賠償の責任を負う場合であっても、飼い主の責任が当然になくなるわけではありません。保管者が責任を負う場合でも、占有者である飼い主も重複して責任を負うとされているからです（民法718条）。この場合、被害者は、あなたと友人の両方に対して、損害の全額を請求することができます（二重に支払いを受けることはできません）。

ただし、飼い主であるあなたが、「動物の種類及び性質に従い相当の注意をもって」その保管者を選任・監督したことを証明できれば、民法718条1項ただし書により、その責任を免れることができます。

一方、たとえば、あなたが犬を貸した友人が犬を飼った経験がない人物であるような場合には、相当の注意を尽くしたとはいえませんので、責任を免れることは難しいと思われます。

4　過失相殺

被害者である歩行者の側に、事故発生についての責任が認められることがあります。その場合には、損害が発生するについて被害者側にも要因があったことになりますので、損害の公平な分担という観点から、賠償額が減額されることがあります。これを「過失相殺」といいます（民法722条2項）。

被害者本人の過失だけでなく、被害者を監督する者がいた場合には、監督者の監督不行き届きについても、被害者側の過失として加味されます。

裁判例では、建物の1階で飼われていた犬が人を咬んだ事故について、被害者は必要もないのにわざわざ犬をかまいにいき、犬の左前足を自分の右手でつかんだ状態で、犬の右前足を自分の左手でつかもうとしたため、犬は両足をつかまれ無防備な姿勢を強要されることを警戒して被害者を攻撃したものであるとして、被害者側に6割の過失を認めたものがあります（京都地裁平成14年1月11日判決・裁判所HP）。

ご質問のケースでも、たとえば飼い主が「触らないでほしい」と再三言ったにもかかわらず、歩行者が犬を触ろうとしたため、犬が驚いて咬みついてしまったような場合には、歩行者に過失が認められ、過失相殺により賠償額が減額されることになると思われます。

Q45　ペットが近所の子どもにけがをさせられたが、治療費を請求できるか

うちの猫が近所の子どもたちにけがをさせられてしまいました。治療費を請求したいのですが、可能でしょうか。また、請求する場合には誰に対してするのでしょうか。

▶▶▶ Point

① **ペットは、法律上は「動産」として扱われています**

② **子どもを監督する者の監督責任（民法714条）**

1　ペットの法律上の扱いは「動産」すなわち「物」である

ペットは、飼い主にとっては家族と同様に大切な存在です。しかし、日本の法律では、ペットは権利の主体として扱われておらず、民法上は「動産」、すなわち「物」として扱われています（Q1参照）。

ですから、ペットがけがをして、痛い思いやつらい思いをしたとしても、ペットは加害者に対して、治療費や慰謝料を請求することはできません。あくまでも、飼い主が、飼い主の財産であるペットを損壊されたとして、財産侵害を理由に、治療費や慰謝料を請求することができるにとどまります（損害の範囲についてはQ48参照）。

2　子どもだけでなく、親も不法行為責任を負う場合がある

(1)　子どもの責任能力

人が、他人のペットを故意に傷つけた場合には、不法行為責任を負いますので、ペットの飼い主は、加害者に対し、損害賠償を請求することができます（Q44参照）。

ご質問のようなケースで気を付けなければならないのは、加害者が子どもであるため、法律上は責任無能力者による加害行為として扱われる可能性があるということです。刑事事件においては、子どもの責任能力については画一的な基準が法律で定められていますが（14歳：刑法41条）、民事事件の場合にはそのような基準がありません。裁判例によって判断は異なっていますが、大体12歳程度であれば責任能力があるといえるでしょう。

子どもが責任無能力者と判断される場合には、子どもに対して損害賠償を請求することができません（民法712条）。

⑵　子どもを監督する者の責任（監督責任）

しかし、責任無能力者を監督する者がいる場合には、監督義務者に対して損害賠償を請求することができます（民法714条１項）。未成年者の監督義務者は親権者（通常は両親）や後見人ですから、あなたは、子どもの親に対して、損害賠償を請求することができます。監督義務者は、自分の子どもの監督義務を怠っていなかったことを証明すれば責任を負いませんが、この監督義務は生活全般にわたる広い義務ですから、通常は義務違反が認められます。

また、子どもを引率していた教師などがいた場合には、代理監督者として、教師などに責任を追及することも可能です（民法714条２項）。

親と教師の両方が責任を負う場合には、両者に対して支払いを求めることができます。ただし、賠償金を二重に取得することは認められていません。一方から全額を賠償してもらった場合には、他方から賠償を受けることはできなくなります。

⑶　子どもに責任能力が認められる場合の親の責任

子どもに責任能力があったとしても、子どもには賠償金を支払うだけの支払能力がないのが普通です。そこで、子どもが責任を負う場合であっても、親の監督義務違反と被害との間に因果関係があることを証明することによって、親に対し、通常の不法行為責任（民法709条）を追及することができます。

Q46　ペット同士のけんかで相手の犬にけがをさせた場合、治療費を支払うのか

犬を公園に散歩に連れて行ったところ、偶然居合わせた別の犬とけんかになってしまい、相手の犬にけがをさせてしまいました。相手の飼い主は怒って、「犬の治療費を払え」と言ってきています。支払わなければいけないのでしょうか。

▶▶▶ Point

①　飼い主の「動物の占有者」としての責任（民法718条）

②　被害者側に過失がある場合の過失相殺（民法722条２項）

1　飼い主の動物の占有者としての責任

ペットの飼い主は、ペットが人を傷つけた場合だけでなく、物を壊したり傷つけた場合にも、動物の占有者として、被害者の損害を賠償する責任を負います（民法718条）。ペットは、民法上は「物」である「動産」に該当します（Q１参照）。相手の犬にけがをさせたことは、相手の財産を侵害したことになりますので、動物の占有者として、損害賠償の責任を負うことになります。

ただし、ペットの占有者がペットの飼育について相当の注意義務を尽くしていた場合には、責任を負わないことになります（民法718条１項ただし書、Q20参照）。

ご質問の場合、あなたが犬をきちんとつないでいなかったり、きちんとリードを持っていなかったために事故が起きてしまったような場合には、注意義務を尽くしていたとはいえませんので、飼い主としての責任が認められることになり、相手の損害を賠償しなければなりません。

賠償しなければならない損害の範囲については、Q48を参照してください。

2　過失相殺

相手の犬がつながれていなかったり、相手がリードをきちんと持っていなかったなど、相手の犬の飼い主にも事故発生の責任が認められる場合があります。そのような場合には、過失相殺により、賠償額が減額されることがあります（過失相殺について、詳しくはQ20・Q44参照）。

Q47 ペットが物を壊した場合に飼い主はどのような責任を負うか

うちの猫がご近所の家の車のサイドミラーを壊してしまいました。飼い主の私はどのような責任を負うのでしょうか。

▶▶▶ Point

・飼い主の「動物の占有者」としての責任（民法718条）

1 不法行為責任と占有者の責任

故意または過失によって、他人の権利または法律上保護される利益を侵害した者は、これによって生じた損害を賠償する責任を負います（民法709条）。この責任を、「不法行為責任」といいます（Q44参照）。ご質問の場合、車のサイドミラーを壊してしまったのですから、車の財産的価値を減少させてしまっており、この価値減少分の損害を賠償しなくてはなりません。

さらに、ペットの飼い主には、「動物の占有者」として、被害者の損害を賠償する責任が規定されており（民法718条）、動物の占有者は原則として動物が他人に加えた損害を賠償する責任を負うとされています。ただし、動物の占有者が、動物の飼育等について、相当の注意義務を尽くしていた場合には、動物の占有者は責任を負わないことになります（同条1項ただし書、Q20参照）。

2 ご質問のケース

ご質問のケースでは、動物の占有者である猫の飼い主は、猫が自由に家を出て行き、他人の家や駐車場に入り込むことなどを放置していたのであれば、通常は飼育について過失が認められます。ですから、あなたは、飼い主として、自動車の所有者に自動車を傷つけたことによって生じた損害を賠償しなくてはなりません。

Q48　ペットのどのような損害について賠償を請求できるか

ペットがけがをしたり、亡くなったりした場合、飼い主としては、損害賠償として、加害者に、何を請求することができるのでしょうか。

▶▶▶ Point

①　賠償される損害は、加害行為と相当因果関係のある損害です

②　治療費などの財産的損害だけでなく、慰謝料の請求が可能な場合もあります

③　過失相殺

1　加害行為と相当因果関係のある損害が賠償される

故意または過失によって他人の権利または法律上保護される利益を侵害した者は、これによって生じた損害を賠償する責任を負います（民法709条）。加害者が賠償しなくてはならない損害は、社会的にみて加害行為と相当の範囲にあるもの（相当因果関係があるもの）に限られます（同法416条）。

ペットが傷つけられたり、殺害されたりした場合には、飼い主の財産が侵害されたことになりますので、飼い主に生じた損害のうち、加害行為と相当因果関係のある損害が賠償の対象となります。

2　具体例

(1)　ペットの治療に関する費用

ペットが傷つけられた場合、ペットの治療費は、通常は相当因果関係がある損害として認められます。

しかし、一般に、不法行為によって物が毀（き）損した場合の修理費等については、その不法行為時における当該物の時価相当額に限り、不法行為との間に相当因果関係のある損害とすべきものと考えられています。一方、ペットの治療費は、人間のような健康保険制度が十分に確立されていないために高額となる場合があり、ペットの購入価格や時価を超えてしまうことがあります。ペットは、民法上は物として扱われていることから、時価を超える治療費全額を相当因果関係のある損害ということができるかどうかについては、議論のあるところです。

この点に関しては、交通事故によりペットの犬が負傷した事案について、「愛玩動物のうち家族の一員であるかのように遇されているものが不法行為によって負傷した場合の治療費等については、生命を持つ動物の性質上、必ずしも当該動物の時価相当額に限られるとするべきではなく、当面の治療や、その生命の確保、維持に必要不可欠なものについては、時価相当額を念頭に置いた上で、社会通念上、相当と認められる限度において、不法行為との間に因果関係のある損害に当たるものと解するのが相当である」とした裁判例があります（名古屋高裁平成20年９月30日判決・交民集41巻５号1186頁)。この裁判例では、治療費の全額は相当因果関係がある損害とは認定されませんでしたが、犬の時価相当額を超える金額の治療費を相当因果関係のある損害として認定しました。

ペットのけがの具合によっては、後遺症が残る場合もあります。上記の裁判例では、犬の車いす作成料２万5000円が、相当因果関係のある損害として認定されています。

このほか、ペットの通院のためのタクシー代、通院のために飼い主が仕事を休んだ場合の休業補償、損害賠償請求をするについて作成された診断書の作成費用なども、相当因果関係のある損害として認められる可能性があります。

⑵　ペットが亡くなった場合

不法行為により物が滅失した場合には、原則として、滅失当時（不法行為時）の価格が相当因果関係のある損害となります。ペットの場合には、ペットの購入価格や年齢などを考慮して、損害額が決められます。友人から無料で譲り受けたペットの場合や雑種であっても、ペットの種類や年齢を踏まえて、損害額が認定されます。

ブリーディングに用いられる犬や猫の場合には、犬や猫から、交配料という経済的利益が生じる場合があります。また、警察犬や盲導犬のように、専門的な訓練を受け、特別な技能を習得し、社会的価値を有している場合もあります。このような場合には、ペットに購入価格を超える経済的価値を認めることができます。

自動車事故で亡くなった盲導犬について、盲導犬は社会的価値があり、その価値は育成に要した費用を基礎に考えるのが相当としたうえで、盲導犬が事故にあわなければ活動できていたであろう残余活動期間を基礎に、亡くなった盲導犬の客観的価値を260万円と認定した裁判例があります（名古屋地裁平成22年３月５日判決・判時2079号83頁）。

ペットが亡くなった場合には、火葬をするのが一般的ですので、火葬費用は相当因果関係のある損害に当たります。上記裁判例でも、裁判所は火葬料４万円を損害として認めています。

⑶　飼い主の慰謝料

ペットが傷を負って苦しい思いやつらい思いをしたとしても、物であるペットは権利の主体になることはできませんので、ペットが慰謝料を請求することはできません。

しかし、不法行為により物が毀（き）損等した場合において、その物の財産的損害が塡（てん）補されるとしても、これによって特段の精神的苦痛を被ったと認められるときは、財産的損害のほかに、持ち主の精神的苦痛を慰謝するための慰謝料の賠償が認められます。特に、ペットは、飼い主にとっては家族同然の存在であり、愛玩の対象となっていることが少なくありません。そのような場合、ペットを失った飼い主の精神的苦痛は大きく、通常であれば、ペットの飼い主による慰謝料請求が認められます。ただし、けがの程度によっては、認められない場合もあるでしょう。

以前は、ペットが死亡した場合に認められる慰謝料は非常に低額であり、数万円といったケースもありました。しかし、最近では、家族の一員としてのペットの重要性が裁判でも認められるようになり、数十万円の慰謝料が認められる事案も出てきています（Q40参照）。

3　過失相殺

ペットが被害にあった場合であっても、ペットの飼い主に事故発生の責任が認められれば、過失相殺により損害額が減額されます（過失相殺について、Q20・Q44参照）。

たとえば、ペットが自動車にひかれて亡くなった場合において、自宅の門が開いていて、ペットが道路に飛び出してしまったようなケースでは、ペットをリードでつないでおかなかったこと、自宅の門の戸締りを怠っていたことについて、飼い主の過失が認められ、過失相殺が行われることが考えられます。

コラム⑯　交通事故とペット

残念ながら、ペットが交通事故にあってしまうことがあります。道路に飛び出したペットが自動車などにひかれてしまうだけではなく、飼い主と自動車に乗っていて交通事故に巻き込まれてしまうこともあります。

その場合、飼い主は、加害者に対し、ペットについて生じた損害として、死亡したペットの時価やペットの治療費の賠償を求めることができます。たとえば、ペットが死亡した場合に、飼い主に10万円の慰謝料を認めた裁判例があります（大阪地裁平成18年３月22日判決・判時1938号97頁）。

しかし、一般的に、自動車に乗せられたペットは、車内を移動して運転の妨げとなったり、他の車に衝突ないし追突された際に、その衝撃で車外に放り出されたり、車内の設備に激突する危険性が高いと考えられます。そのため、裁判所は、動物を乗せて自動車を運転する者としては、このような予想される危険性を回避し、あるいは、事故により生ずる損害の拡大を防止するため、犬用シートベルトなど動物の体を固定するための装置を装着させるなどの措置を講ずる義務を負うとし、ペットの犬に犬用シートベルトをさせていなかった事案について、１割の過失相殺を認めました（名古屋高裁平成20年９月30日判決・交民集41巻５号1186頁）。

また、飼い犬を膝の上に乗せた状態で運転していたことを理由に、道路交通法違反で逮捕されたケースもあります。道路交通法55条２項は、運転者の視野やハンドル装置の操作を妨げる行為を禁止しています。ペットを膝の上に乗せたり、抱きかかえたりしたままの運転は、この禁止される行為に当たるとされています。

Q49 ペットが人に被害を与えてしまった場合、飼い主はどこまで支払いをしなければならないか

ペットが人に咬みついてしまい、相手に大けがを負わせてしまいました。治療費だけでなく、休業損害や慰謝料まで請求されています。また、相手が持っていた携帯電話を壊してしまったということで、携帯電話の弁償まで請求されています。飼い主としては、一体どこまで支払いをすればよいのでしょうか。

▶▶▶ Point

① **賠償される損害は、加害行為と相当因果関係のある損害です**

② **過失相殺**

1 加害行為と相当因果関係のある損害が賠償される

故意または過失によって他人の権利または法律上保護される利益を侵害した者は、これによって生じた損害を賠償する責任を負います（民法709条）。加害者が賠償しなくてはならない損害は、社会的にみて加害行為と相当の範囲にあるもの（相当因果関係があるもの）に限られます（同法416条）。

ペットが人を傷つけたり、物を壊してしまった場合には、治療に伴う費用や慰謝料、物の財産的価値を、加害行為と相当因果関係がある損害として賠償しなければなりません。

2 具体例

(1) 治療に関する費用

けがについての治療費、入院費、入院雑費、通院のための交通費、診断書の費用は、通常は、加害行為と相当因果関係がある損害とされています。け

がを原因として仕事を休んだ場合には、休業損害を支払わなくてはなりません。

⑵　後遺症に関する損害

けがの程度によっては、大きな傷痕、しびれや麻痺が残る場合があります。このような後遺症がある場合には、後遺症を理由とする慰謝料や、後遺症による逸失利益についても、相当因果関係のある損害として賠償しなければならない可能性があります。

後遺症による逸失利益とは、後遺障害を負ったことによって、事故が起きる前の労働を行うことができなくなり、収入が減少するために失われる利益のことをいいます。現在すでに仕事をしている大人だけでなく、まだ仕事をしていない子どもの場合でも、後遺症によって将来的に行うことができたはずの労働ができなくなったとして逸失利益が認められます。

後遺症を理由とする慰謝料や逸失利益については、自動車損害賠償保障法施行令の別表に定められている「後遺障害別等級表」を参考に、医師等が認定した後遺症の等級に応じた金額を賠償しなければなりません。さらに、損害賠償を求める訴訟を提起された場合には、その弁護士費用についても、認容された賠償額の１割程度を賠償しなければなりません。

裁判の中には、散歩中の犬が被害者に衝突し、被害者が転倒して骨折等の傷害を負い、被害者に上方視で複視が生ずる、頭痛や右顎関節痛といった神経症状、右膝の関節の可動域の減少、咬合不全といった後遺症が生じたケースで、10級の後遺障害等級を認定し、総額2000万円以上の損害を認めたものがあります（東京地裁平成14年２月15日判決・裁判所 HP）。

⑶　財産的損害

ペットが人の物を壊した場合には、不法行為時のその物の財産的価値を損害として賠償しなければなりません。

ご質問のケースであれば、携帯電話の時価相当額が損害になると考えられます。

(4)　慰謝料

加害行為により相手が被った精神的苦痛を慰謝するための慰謝料についても、通常は相当因果関係のある損害と認定されます。

ペットにより人がけがをした場合には、けがを負ったことによる精神的苦痛に対する慰謝料、通院についての精神的苦痛に対する慰謝料、後遺症がある場合には後遺症についての精神的苦痛に対する慰謝料が発生すると考えられています。

3　過失相殺

ペットが人にけがをさせてしまった場合でも、被害者に事故発生の責任が認められれば、過失相殺により損害額が減額されます（過失相殺について、Q20・Q44参照）。

たとえば、ペットが咬みついてけがをさせてしまったものの、被害者がきちんとつながれていた飼い犬に危害を加えたために咬まれてしまったような場合や、被害者から犬にかまおうと近づいていって咬まれたような場合には、被害者の側にも事故発生についての責任が認められます。

Q50 身を守るために犬にけがをさせた場合にも責任を負うのか

(1) リードを付けずに散歩していた犬に襲われたので、身を守るためにその犬を蹴ったところ、けがをさせてしまいました。ところが、犬の飼い主から犬の治療費を請求されています。飼い主は犬をつながずに散歩させていたのですが、私は支払いをしなくてはいけないのでしょうか。

(2) 大地震で隣の家の犬小屋が壊れ、逃げ出してきた犬に襲われそうになったので、身を守るために犬にけがをさせたような場合にはどうでしょうか。

▶▶▶ Point

① 他人の不法行為に対して防衛するための行為には正当防衛が成立する場合があります

② 守ろうとした法益より侵害した法益が大きい場合は過剰防衛となります

③ 他人の物から生じた急迫の危難を避けるための行為には緊急避難が成立する場合があります

1 正当防衛

犬を傷つける行為は、通常であれば不法行為（民法709条）が成立し、加害者は損害賠償責任を負うことになります。

しかし、ご質問の場合のように犬に襲われ、自分の身を守るためにその犬にけがをさせたような場合にまで損害賠償をしなくてはならないのは、あまりにも不公平です。

そこで、民法720条１項は、「他人の不法行為に対し、自己又は第三者の権利又は法律上保護される利益を防衛するため、やむを得ず加害行為をした者は、損害賠償の責任を負わない」として、損害賠償責任を否定しています。これを「正当防衛」といいます。

ご質問(1)のように、飼い主が犬にリードを付けずに散歩をさせたことによって犬が人を襲った場合には、その犬の飼い主による不法行為が認められますので、あなたが自分の身を守るために犬を傷つけるという加害行為をしていても、損害賠償責任は認められないでしょう。したがって、あなたは治療費を支払う必要はありません。

2　過剰防衛

たとえば、ご質問(1)のようなケースで、あなたが自分の飼い犬を守るために相手の犬を殺してしまったような場合には、守ろうとした法益（飼い犬の身体）と侵害した法益（相手の犬の生命）との間の均衡が保たれていません。このような場合、過剰防衛として、あなたは、相手の犬を殺したことについて、不法行為責任を負わなくてはならないと思われます。

しかし、あなたが過剰防衛により不法行為責任を負う場合であっても、そもそも相手の犬が襲ってきたことが発端ですので、相手には過失が認められ、過失相殺（Q20・Q44参照）が行われることになります。

3　緊急避難

ご質問(2)のように、大地震で犬小屋が壊れて犬が逃げ出し、あなたを襲ったという場合はどうでしょうか。

この場合、犬があなたを襲ったのは、大地震という不可抗力によって犬小屋が壊れてしまったことが原因ですから、その犬の飼い主は相当な注意を払っていたといえ、飼い主には過失が認められず、不法行為には該当しません。そのため、正当防衛は成立しないことになります。

しかし、民法720条２項は、「他人の物から生じた急迫の危難を避けるためその物を損傷した場合」も、正当防衛と同様に、損害賠償責任を否定しています。これを「緊急避難」といいます。

あなたの行為は、犬（他人の物）に襲われるという急迫の危難を避けるために、犬を傷つけたというものですから、緊急避難に当たります。ですから、損害賠償責任は認められず、犬の治療費を支払わなくてよいことになります。

Q51 犬用の玩具に欠陥があって飼い犬がけがをしたが、治療費を請求できるか

ペットショップで犬用の玩具を買ってきました。しかし、その玩具に欠陥があり、遊んでいた飼い犬がけがをしてしまいました。犬の治療費を請求する場合、どこに対してすればよいのでしょうか。

▶▶▶ Point

① **ペットショップだけでなく、製造メーカー等に請求することもできます**
② **玩具だけでなく、玩具から生じた損害（拡大損害）の賠償も問題**
③ **製造物責任（PL 責任）により拡大損害の賠償を求めることができます**

1　債務不履行責任、瑕疵担保責任、契約不適合責任

犬用の玩具に欠陥があって、その欠陥により玩具が壊れたような場合には、玩具自体の損害を売主に請求することができます。売主は、欠陥のない商品を買主に売らなくてはいけませんので、平成29年改正前民法でも、玩具が代替可能であれば（不特定物売買）、欠陥のない代わりの玩具を引き渡すよう、ペットショップに請求することができました（債務不履行責任：415条）。その玩具にこだわりがあって、代替不可能な場合には（特定物売買）、債務不履行責任の代わりに瑕疵担保責任（570条）が認められ、欠陥の修理や代金の一部返還を請求することができましたし、修理では意味がない場合には売買契約を解除することもできました。

令和２年４月１日に施行される民法（債権法）改正法では、「瑕疵」という用語は使われなくなり、瑕疵担保責任は、「契約不適合責任」となります。契約不適合責任は、契約（債務不履行）責任と整理されましたので、特定物でも、不特定物でも契約不適合責任を負うことになります。また、買主

の取りうる手段としては、これまでの解除や損害賠償に加えて、追完請求（民法562条）や代金減額請求（同法563条）も可能となります。ただし、損害賠償請求には、売主の帰責性が必要となりました（同法564条）。

2　製造物責任（PL 責任）

⑴　拡大損害

ご質問のような場合で、犬がけがをしたために治療する費用というのは、玩具それ自体の損害ではなく、玩具に欠陥があったことにより生じた玩具以外の財産についての損害ということになります。このような、欠陥品以外に生じた損害は「拡大損害」と呼ばれます。債務不履行責任や瑕疵担保責任では、この拡大損害は当然に賠償されるわけではありません。

⑵　製造物責任（PL 責任）

このような拡大損害についての賠償を認める法律として、製造物責任法（PL 法）があります。

PL 法は、被害者が、①製造物に欠陥が存在していたこと、②損害が発生したこと、③損害が製造物の欠陥により生じたこと、という３つの事実を明らかにした場合に、製造者に、拡大損害を賠償する義務があると定めています（PL 法３条）。

製造物とは、「製造又は加工された動産」をいい（PL 法２条１項）、玩具は製造物に当たります。「欠陥」とは、その製造物に関するいろいろな事情を総合的に考慮して、製造物が通常有すべき安全性を欠いていることをいいます（同条２項）。

損害賠償を求める場合の請求先は、その製品の製造業者、輸入業者、製造物に氏名などを表示した事業者です。単なる販売業者は原則として対象になりません。ですから、PL 法に基づいて犬の治療費を請求する場合には、ペットショップではなく、この玩具の製造メーカーや輸入業者に対して請求することになります。

コラム⑰　ペットの食を取り巻く問題

人間の食の安全が重要な問題とされている昨今ですが、ペットの食の安全も注目されています。

平成19年には、中国産のペットフードを食べた犬や猫が死亡するという事件がアメリカで起き、日本でもペットフードの安全性が大きな社会問題となりました。これを受け、政府は、ペットフードに関する規制の検討を始め、犬・猫用のペットフードについて規定する、愛がん動物用飼料の安全性の確保に関する法律（ペットフード安全法）が平成21年６月１日から施行されました（Q15参照）。

環境省では、「飼い主のためのペットフード・ガイドライン～犬・猫の健康を守るために～」というパンフレットを作成し、ペットフードの安全性について、飼い主への啓発活動にも取り組んでいます。

ペットフードに欠陥があった場合には、不良品を販売した売主に対し、ペットフードそのものに関する損害について債務不履行責任を追及することができます。ペットフードの欠陥によって、ペットに健康被害が生じたような場合には、拡大損害として、ペットフードを製造した製造者に対し、製造物責任（PL 責任）を追及することができます（Q51参照）。

最近では、人間と同じように、ペットの肥満が問題となるなどしていて、年齢に応じたペットフード、カロリーや栄養素、素材にこだわったペットフードなど、多種多様なペットフードが販売されるようになっています。

これに伴い、ペットショップなどの店舗でペットフードを購入するだけでなく、インターネットによる通信販売（ネット通販）を利用して、ペットフードを購入する人も多いのではないでしょうか。実物を見ないで購入するネット通販では、必要のないものを購入してしまったり、届いたものが予想していたものと違ったりするトラブルが起こりがちです。無店舗型の商品販売については、特定商取引法による規制があり、現在では、ネット通販でも、商品到着日から８日を経過するまでの間は、購入者が送料を負担することによって返品できるとされています（特定商取引法15条の３）。返品の可・不可や条件を示した返品特約を明示している場合はその限りでないとされてはいますが、この返品特約は、購入者にとって容易に認識することができる方法で表示されている必要があり、ネット通販であれば「最終申込画面」で表示することが必要とされています。

Q52 危険な犬を放置している飼い主の責任

ご近所に、咬み癖のある犬がいます。リードでつながずに散歩していることもあり、近所の人たちとも、子どもがいつ襲われるか心配だと話しています。その犬をどうにかすることはできないのでしょうか。

▶▶▶ Point

① 「家庭動物等の飼養及び保管に関する基準」

② 条例による措置

1 動物愛護管理法上の飼い主の義務

動物愛護管理法は、動物の所有者または占有者は、「動物が人の生命、身体若しくは財産に害を加え、生活環境の保全上の支障を生じさせ、又は人に迷惑を及ぼすことのないように努めなければならない」と定めています（同法7条1項)。また、同法は、「占有する動物の逸走を防止するために必要な措置を講ずるよう努めなければならない」とも定めています（同条3項)。

2 環境省の基準

(1) 犬の所有者に対する規定

環境省は、「家庭動物等の飼養及び保管に関する基準」（平成14年5月28日環境省告示第37号）により、犬の所有者等に対し、原則として犬の放し飼いを行わないこと、犬をつなぐ場合にはつながれている犬の行動範囲が道路または通路に接しないように留意すること、犬が人の生命等に危害を加え、人に迷惑を及ぼすことのないように適正な方法でしつけを行い、特に所有者等の制止に従うよう訓練に努めること、などを定めています（同基準第4）。

また、飼っている犬を散歩させるなど、犬を道路等屋外で運動させる場合の遵守事項として、次の事項を定めています（同基準第４・５(1)～(3)）。

①　犬を制御できる者が原則として引き運動により行うこと

②　犬の突発的な行動に対応できるよう引綱の点検および調整等に配慮すること

③　運送場所、時刻等に十分配慮すること

(2)　危険犬についての措置

また、環境省の上記基準には、危険犬（大きさおよび闘争本能にかんがみ人に危害を加えるおそれが高い犬。同基準第４・５(4)）の所有者等には、道路等野外で運動させる場合には、①人の多い場所および時間帯を避けること（同(4)）、②必要に応じて口輪の装着等の措置を講ずることおよび事故を起こした場合には民事責任や刑事責任を問われるおそれがあることを認識すること（同６）を定め、危険犬の飼い主には、人に危害を加えないためのより慎重な措置を講じるよう求めています。

ご質問の犬は人を咬む癖があるということですから、危険犬として、飼い主は、人に害を与えないように、口輪の装着などの危険防止の措置をとらなくてはなりません。

3　条例による措置

このほか、東京都は、東京都ペット条例（Q17参照）において、知事は、動物が人の生命、身体もしくは財産を侵害したとき、または侵害するおそれがあると認めるときは、飼い主に対し、動物を施設内で飼養し、または保管すること、動物に口輪を付けること、動物を殺処分にすることなどを命じることができると定めています（同条例30条）。

飼い主がこの命令に従わなかった場合には、罰則の対象となります。具体的には、殺処分命令に従わなかった場合には１年以下の懲役または30万円以下の罰金（東京都ペット条例37条）、その他の命令に従わなかった場合には５

万円以下の罰金（同条例39条）が科されます。

　また、条例による必要な措置を命じてもらうために、東京都動物愛護相談センターに相談することができます。

Q53 飼い犬が他人を襲った場合の飼い主の刑事責任

公園で、飼っているうさぎとひなたぼっこをしていたところ、近所の飼い犬に襲われ、私もうさぎもけがをしてしまいました。犬の飼い主に、刑事上の責任を追及することはできますか。

▶▶▶ Point

① 意図的に襲わせている場合の刑事責任

② 意図的でない場合の刑事責任

③ 刑事責任と民事責任との関係

1 意図的に襲わせている場合

(1) 傷害罪

犬の飼い主が、他人を傷つけるために、わざと（故意に）犬をけしかけた場合、犬をいわば凶器として用いて、人に暴行しているのですから、犬が人を咬んだことは、飼い主による暴行行為であると評価することができます。そして、飼い主の暴行行為によって、人はけがを負わされたのですから、傷害罪（刑法204条）が成立します。

実際の裁判でも、飼い犬に「『ハイ』と声を掛けて対象物を襲うよう指図すればこれに噛みつくことがあることを認識しながら、あえて、これを許容し」、「ハイ」と号令をかけ、被害者の下腿部に咬みつかせ、被害者に加療約4日間の咬傷を負わせた飼い主について、傷害罪の成立を認めた判決があります（横浜地裁昭和57年8月6日判決・判タ477号216頁）。この飼い主には、傷害罪、狂犬病予防法違反（所定の登録をしていないこと、予防注射を受けさせていないこと）を理由に、懲役6カ月および罰金5万円が科されました。

⑵　器物損壊罪

うさぎ（動物）は、法律上は「物」として扱われます（Q１参照）。

犬の飼い主が、飼い犬にわざと（故意に）あなたのうさぎを襲わせた場合には、飼い主が飼い犬を道具としてあなたの物を傷害したことになります。この場合には、他人の物を毀(き)損しまたは傷害したとして、器物損壊罪が成立します（刑法261条）。

器物損壊罪は、加害者の行為が故意に基づくことを必要とします（故意犯）。ですから、飼い主がわざと（故意で）犬に襲わせたのではなく、飼い主の不注意（過失）によって犬がうさぎを襲ってしまったような場合には、成立しません。

器物損壊罪は親告罪であり、刑事裁判を提起するには告訴が必要とされています（刑法264条）。器物損壊罪については、３年以下の懲役または30万円以下の罰金もしくは科料の刑罰の対象となります。

⑶　動物虐待罪

愛護動物をみだりに殺しまたは傷つけた者は、５年以下の懲役または500万円以下の罰金に処せられます（動物愛護管理法44条１項）。令和元年の改正により、２年以下の懲役または200万円以下の罰金から罰則が引き上げられました。愛護動物とは、牛、馬、豚、めん羊、やぎ、犬、猫、いえうさぎ、鶏、いえばと、あひるや、人が占有している動物で哺乳類、鳥類または爬虫類をいいます（同条４項）。

「みだりに」とは、正当な理由がない場合をいいます。動物虐待罪も器物損壊罪と同様に故意に基づくことを必要としますが（故意犯）、親告罪ではありませんので告訴は不要です。また、牛、馬、豚、めん羊、やぎ、犬、猫、いえうさぎ、鶏、いえばと、あひるについては、人の占有は必要とされていませんので、飼い主がいなくても対象となる点にも違いがあります（Q７参照）。

2 意図的でない場合

⑴ 過失致傷罪、重過失致傷罪

犬が人を咬んで、傷害を負わせてしまった場合、犬の飼い主には、犬が他人に危害を及ぼすことを未然に防止する義務があるにもかかわらず、これを怠ったという刑法上の過失が認められます。過失が重大なものである場合には重過失致傷罪（刑法211条1項後段）が、過失が重大とまではいえない場合には過失致傷罪（同法209条）が成立します。重過失致傷罪については5年以下の懲役もしくは禁錮または100万円以下の罰金が、過失致傷罪については30万円以下の罰金または科料が刑罰として科されます。過失致傷罪は親告罪ですので、刑事裁判を行うには、被害者の告訴が必要となります。

土佐犬が犬舎から逃走して幼児に咬みつき傷害を負わせたケースについて、重過失致傷罪の成立を認めた裁判例（東京高裁平成12年6月13日判決・東京高裁判決時報刑事51巻1～12号71頁）や、散歩中に犬が被害者に襲いかかり咬みついて傷害を負わせた事例で、過失致傷罪の成立を認めた裁判例（広島高裁平成15年12月18日判決・裁判所 HP）があります。

⑵ 飼い主でなくとも刑事責任が問われる場合がある

あなたが犬に襲われた際、犬を管理している人物は飼い主だけとは限りません。飼育訓練係や散歩を頼まれた業者が犬を管理している場合があります。その場合には、実際に犬を管理していた人物の責任も問われます。犬を管理していた人物が、職業として犬の管理をしていた場合には、業務に従事する者が、業務上必要な注意を怠ったとして、業務上過失致傷罪（刑法211条1項前段）が成立します。犬の飼育訓練係に、業務上過失致傷罪の成立を認めた裁判例もあります（東京高裁昭和34年12月17日判決・判タ129号28頁）。

⑶ 条例による処罰

地方自治体の条例によっては、飼い犬が他人に咬みついた場合に、飼い主に、保健所長への届出や獣医師の診断、飼い犬に口輪をつける等他人に危害を加えないように措置を講じること等を義務づけている条例があります。これらの義務に違反した場合は、条例の罰則に従って、罰金等が科される場合もあります。

実際に、三重県飼い犬取締条例により、前記義務を怠ったとして、罰金3000円が科された裁判例があります（名古屋高裁昭和44年10月29日判決・判タ243号271頁）。

3　対処法

事件が起き、刑事責任を追及したいと考えるときには、110番通報をして警察に事件を確認してもらい、その後、捜査をしてもらう必要があります。110番通報をしていなくても、後日、被害届を提出したり、告訴を行うことで捜査を促すこともできます。

4　民事上の責任と刑事上の責任、どちらも追及することができる

飼い主は、器物損壊罪などの刑事上の責任だけでなく、民事上の損害賠償責任も負うことになります。被害者は、刑事上の責任も民事上の責任も、どちらも追及できることになります。

飼い主に故意がなく、過失が認められるにすぎない場合には、器物損壊罪は成立しませんが、民事上の責任は認められますので、損害賠償を請求することができます（Q47参照）。

ペットの飼い主は、動物の占有者として、動物が他人に加えた損害を賠償する責任を負います（民法718条、Q20参照）ので、意図的に襲わせていなかった場合でも、民事上の責任を負います。

しかし、意図的に襲わせた場合には、ペットという「凶器」で人を襲ったといえ、飼い主自身による行為として通常の不法行為責任（民法709条）が成立すると考えることもできます。それだけ、飼い主の行為が悪質であるということです。

第6章

その他のトラブル

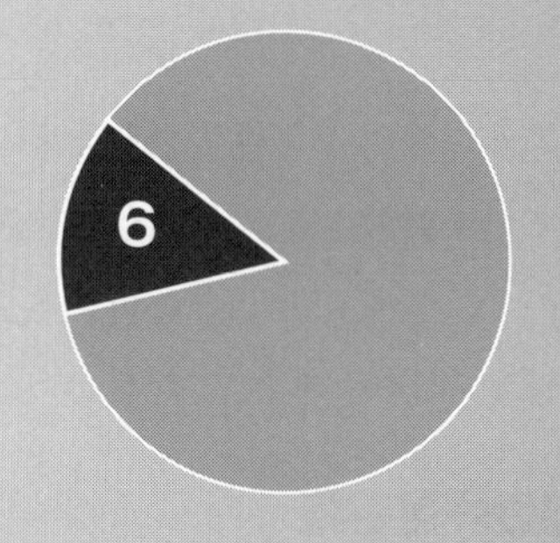

Q54 ペットを飼うときには届出をしなければならないか

私は今度、ペットを飼うことにしました。ペットを飼うにあたって、何か手続が必要なのでしょうか。

▶▶▶ Point

① **ペットとして飼うことができない動物がいます**
② **ペットとして飼うことについて許可が必要な動物がいます**
③ **ペットとして飼う際に登録が必要な動物がいます**

1　そもそもペットとして飼うことができない動物もいる

まず、あなたはペットとしてどのような動物を飼うことを考えているのでしょうか。動物の中には、取引や捕獲を禁止されているものがありますので、動物によっては、そもそも一般人がペットとして飼うことができないものがあります。

よくトラブルになるのが、海外から輸入された希少動物です。ワシントン条約で輸入が規制されている動物を輸入するには、厳重な条件を満たしたうえでの許可が必要ですので、きちんとした許可のもと、適法に購入できる動物なのかどうか、確認をするようにしてください（Q11参照）。

2　ペットを飼う際の許可手続

動物によっては、飼う際に、許可を得ることが必要なものがあります。

動物愛護管理法26条は、人の生命、身体または財産に害を加えるおそれがある動物として政令で指定された動物（特定動物）については、都道府県知事の許可を得ることが必要としています。たとえば、トラ、ワニ、タカ、ニホンザルなどの動物が特定動物に指定されています。令和元年の改正により、特定動物を愛玩目的で飼うことは禁止されました（同法25条の２）。

また、地方によっては、条例により、特別な動物について飼育についての許可を求めているところもあります。たとえば対馬市では、イノシシの飼育には市長の許可が必要とされています（対馬市イノシシの所持又は持込みの禁止等に関する条例３条）。

3　ペットを飼う際の登録手続

飼育するのに許可が必要ではない動物の場合でも、登録が必要なものがあります。

代表的なものとしては、犬があげられます。犬は、狂犬病予防法に基づき、犬を取得した日から30日以内、生後90日以内の子犬の場合は生後90日を経過した日から30日以内に、犬の登録を申請しなくてはいけません（Q13参照）。猫について、登録を義務づけている自治体もあります（小笠原村飼いネコ適正飼養条例）。

令和元年の動物愛護管理法の改正により、犬猫等販売業者にマイクロチップの装着・登録が義務づけられましたが（同法39条の２第１項・39条の５）、それ以外の犬または猫の所有者については、努力義務とされています（同法39条の２第２項）。

ただし、犬猫等販売業者以外の者であっても、登録を受けた犬または猫を登録証明書とともに譲り受けた場合には、変更登録の手続をしなくてはなりません（動物愛護管理法39条の６第１項２号）。

Q55　ペットが死亡した場合の手続

私が飼っていたペットが死んでしまいました。自分の家の庭に埋葬してもよいでしょうか。また、何か手続が必要になりますか。

▶▶▶ Point

① **動物によっては、死亡についての届出が必要です**

② **動物によっては、火葬の必要はなく、自宅の庭への埋葬も可能です**

1　動物によっては自宅の庭に埋葬することができる

動物の死体や墓については、一般的な法的規制はありません。そのため、ペットの死体については、飼い主の判断した方法で葬ることができます。ただし、牛、馬、豚、めん羊、山羊については、「死亡獣畜取扱場」で死体を処理しなくてはならないとされています（化製場等に関する法律1条・2条2項）。

ペットは火葬が義務づけられてはいません。ですから、自宅の庭に土葬することも許されます。ただし、自宅の庭や自分が管理する土地であったとしても、ペットを埋葬したことで、悪臭が発生したり、虫がわいたりして、他人に迷惑をかけてしまった場合には、不法行為に基づく損害賠償責任を負う場合があります。

また、他人の土地はもちろん、公共の場所に無断で死体を埋葬することも許されません。

2　火葬にする必要は必ずしもない

ペットの死体については、火葬が義務づけられてはいませんので、土葬することもできます。しかし、実際には、埋葬場所の問題がありますので、火葬する飼い主が多いと思われます。

火葬にする場合には、動物の火葬を行う民間業者を利用する方法もありますが、多くの自治体が、動物の死体を引き取ってくれるようですので、各自治体に死体の引取りを頼むことができます。ただし、自治体によっては、動物の死体を廃棄物として一般のごみと一緒に焼却してしまうところもあるようです。遺骨を保管したい場合や死体を丁寧に扱ってほしいという場合は、自治体に引取りを依頼する前に、処分方法をきちんと確認するようにしてください。

3　ペットによっては死亡したことの届出が必要

飼っていた犬が死亡した場合には、狂犬病予防法４条４項により、30日以内に登録済みの市町村に死亡の届出をしなくてはなりません。

また、飼育することについて許可が必要とされている特殊な動物の場合には、各規定に従って、死亡の届出をする必要があります。たとえば、特定動物（人の生命、身体または財産に害を加えるおそれがある動物として政令で指定された動物。Q10参照）については、特定動物飼養・保管廃止届出書を提出する必要があります。

犬や猫にマイクロチップを装着した場合には、当該犬・猫について、環境大臣の登録を受けなければなりません（動物愛護管理法39条の５第１項）。登録を受けた犬または猫の所有者は、当該犬または猫が死亡したときは、環境大臣に届け出なければなりません（同法39条の８）。

Q56 ペットの葬祭サービス

大切に育てていたペットが亡くなってしまいました。葬儀をしたいと思うのですが、ペットの葬儀をしてくれるような業者はいるのでしょうか。また、トラブルにならないように、気を付けることはありますか。

▶▶▶ Point

① **ペットの葬儀については、多様なサービスが出現しています**

② **悪徳業者に注意し、特に料金については確認をする必要があります**

1 ペットの葬儀サービス

大切なペットにも人間と同じようにきちんと葬儀をしたいと考える飼い主が増え、ペットの葬儀を行う業者が増えています。

ペットの葬儀としては、単に火葬をするだけでなく、人間と同じように葬儀場や自宅に祭壇をつくってお通夜をする、四十九日や一周忌などの法要を行うなど、さまざまなサービスが登場しています。

火葬については、他のペットと一緒に合同で火葬を行う合同葬もあれば、火葬場で家族などが立ち会って個別に行う個別葬、自宅に火葬車が出張して行う火葬の出張サービスもあるようです。合同葬の場合には遺骨の持ち帰りができませんが、個別葬の場合には遺骨を持ち帰ることもできます。

2 葬儀業者とのトラブル

平成22年には、悪質なペット葬儀業者らにより、犬や猫約100匹の死体が埼玉県内のがけ下に捨てられていたことが発覚し、大きなニュースになりました。このような不法投棄については、廃棄物処理法違反が問題となります。しかし、残念ながら、現時点では、ペットの火葬業者や葬祭業者を直接に取り締まる法律はありません。

消費生活センターなどには、ペットの葬儀に関する相談が持ち込まれており、広告料金よりも高い料金を請求された、個別火葬のはずが他のペットと一緒に火葬されたなどのトラブルが報告されています。

料金については、プラン内容の説明を受け、基本料金に含まれるサービスとオプションサービスの範囲を明確にすることを求めたり、見積書をもらったりするなど、事前の確認が大切です。いくつかの業者に問い合わせて見積りをとり比較するのも一つの方法です。

Q57　ペットと一緒の墓に入ることはできるか

私は定年後５年ほどで夫を亡くしてから20年以上、一人暮らしをしています。今、犬を飼っていますが、10年以上も一緒に暮らしていて、子どものように思っています。私とペットは一緒のお墓に入ることができるのでしょうか。また、ペット霊園というものがあると聞いたのですが、どのようなものですか。

▶▶▶ Point

・**霊園や墓地によっては、一緒の墓に入れない場合があるので、事前の確認が必要です**

1　飼い主と一緒の墓に入れない場合がある

飼い主にとって、ペットは家族の一員ですが、社会的には、ペットは人間とは異なる扱いがなされています。そのため、人間と同じように、家族の一員として、当然に飼い主と同じ墓に埋葬できるわけではありません。

法律上、ペットは「物」に当たるため（Q１参照）、埋葬にあたっては、ペットは「副葬品」として扱われます。

副葬品については、どのようなものでも入れてよいというわけではありません。墓地の管理規約等で、ペットの埋葬を禁止しているところがあります。また、墓地、埋葬等に関する法律１条により、埋葬が許されるためには「宗教的感情」に適合することが必要とされています。社会的には、ペットと人間が一緒に埋葬されることが「宗教的感情」に適合するとまではいえないと考えられますので、墓地の管理規約等で明確に禁止されていない場合であっても、墓地等に事前に確認をして、許可を得ておいたほうがよいでしょう。

2　人間とペットが一緒に入れるお墓もある

ペットと一緒のお墓に入りたいという飼い主のために、最近では、人間とペットが一緒に入れることをアピールポイントとしている墓地も販売されています。

3　ペット霊園はペットのためのお墓

ペット霊園は、ペットを埋葬するための霊園です。人間を埋葬することはできませんが、人間の霊園の一部がペット霊園として提供されているところもあり、その場合には飼い主とペットが近くで埋葬してもらえることになります。ペット霊園の中には、単に遺骨だけを預かるところもあれば、火葬から葬儀、納骨までを一手に引き受けるところもあります。また、慰霊碑などに合祀するところもあれば、個別に墓を購入するところもあります。

後日トラブルになる場合もありますので、サービス内容や費用をきちんと確認したうえで、契約をすることが大切です。

4　自宅で埋葬することも可能

ペットの遺体や遺骨は自宅の庭に埋葬することも可能ですから（Q55参照）、霊園や寺院で弔うのではなく、墓石を用意して、自宅の庭で弔うこともできます。最近では、墓石も生前のペットを形どったものなど、さまざまなものがつくられるようになりましたので、ペット霊園よりも、より身近な自宅での埋葬を希望される飼い主もいるようです。

Q58　ペットに財産を渡したい場合にはどうすればよいか

私が病気になったり、先に死んでしまったときのために、ペットに私の財産を渡したいのですが、動物に財産を相続させることはできないと聞いたことがあります。何かよい方法はないでしょうか。

▶▶▶ Point

① **ペットに直接財産をあげることはできません**

② **ペットの世話を条件とする負担付き遺贈、負担付き死因贈与**

③ **ペットの飼育を目的とする信託**

1　ペットの世話を条件に財産を渡すことができる

ペットは、法律上は「物」として扱われますので、権利の主体となることができません（Q１参照）。そのため、あなたは、ペットに直接財産をあげることはできません。

しかし、ペットの世話をしてくれる人に、ペットの世話をすることを条件として（負担として）財産を渡すことができます。具体的には、「負担付き遺贈」と「負担付き死因贈与」という方法があります。

2　負担付き遺贈

遺贈とは、遺言により、遺産を贈与することをいいます。飼い主が遺言書で、ペットの世話をお願いしたい人に対し、ペットの世話をすることを条件にペットとその他の財産を渡す旨を記載することになります。ただし、遺贈というのは亡くなる人による一方的な行為ですから、遺贈を受ける人は受取りを拒むことができます。また、遺贈を受けた人は、遺贈の目的価格を超えるような負担を負わなくてよいとされています（民法1002条１項）。そのため、ペットが亡くなるまで世話ができるだけの十分な費用を遺贈しておく必要がありますし、遺贈を受ける人には事前にお願いしておいたほうがよいでしょう。

遺言については、遺言どおりに実行されるのか不安があるでしょうし、あなたの死後、遺言があなたの意思に基づくものであるのかどうかが争いになることがあります。そのため、遺言の内容を執行する遺言執行者を指定したり（民法1006条）、遺言の有効性を明確にするために公正証書遺言（民法969条）を利用するのがよいでしょう。

3　負担付き死因贈与

死因贈与とは、贈与者の死亡によって効力を生ずる贈与です（民法554条）。ご質問の場合ですと、あなたが死んだら、あなたの財産とペットを、ペットの世話をしてくれる人に贈与する、という契約をすることになります。遺贈と違い、あらかじめペットの世話をしてくれる人と贈与の契約（合意）をしておく必要があります。ペットの世話について細かく取り決めをすることができますし、世話をすることについての了解を得ていますので、きちんと世話をしてもらえる可能性が高いといえます。合意の内容については、書面を作成しておくようにしましょう。

4　それでも不安は残る

世話を頼むはずの人が先に亡くなってしまったり、事情が変わってしまって世話ができなくなったりという事態が発生するなど、負担付き遺贈や負担付き死因贈与をしても、残念ながら100％大丈夫というわけにはいきません。そのため、信頼できる人物を探す、候補者として数名にお願いしておくなどの工夫が必要です。

5 信託の利用

信託法に基づき、「自分のペットの飼育」を目的とする信託を行うことができます。

信託とは、財産（金銭、有価証券、不動産など）の所有者（委託者）が、信頼できる相手（受託者）に、一定の目的に従って、その財産の管理や処分を任せる契約です。信託法により、「目的信託」といって、委託者（財産の所有者）が財産の大まかな活用方法を決めておき、運用した財産を誰に渡すかは受託者に任せるしくみがつくられています。したがって、飼い主が委託者として、「ペットの飼育」を目的とする信託を行えば、受託者は、目的に合うように資産を運用して、ペットを飼育するために必要な者を受け取り手と決め、財産を渡すことが、制度上、可能です。

なお、信託業務は、信託銀行のほかに、株式会社も行えます。

Q59　ペットのための健康保険

　ペットが病気になってしまいました。獣医師に診てもらったのですが、私が病気になったときよりもはるかに高い治療費がかかりました。理由を聞くと、健康保険に入っていないから全額負担になるためと言われました。ペットには、人間と同じような健康保険制度はないのでしょうか。

▶▶▶ Point

① **ペットの公的な健康保険制度はありません**

② **民間サービスがありますが、サービス内容はさまざまなので、事前の確認が大切です**

1　公的な健康保険制度はない

　残念ながら、ペットには、人間と同じような公的な健康保険制度はありません。そのため、飼い主は、高額な医療費の負担を強いられてしまう場合があります。

　そこで、民間の企業等により、ペットの健康保険やペット共済のサービスが販売されています。

2　さまざまな種類のサービスがある

　ペットの健康保険やペット共済の基本的サービスは、人の健康保険等と同様に、一定額の保険料を支払うことで、病気やけがで病院にかかった場合の費用を一定程度、負担してもらえるというものです。

　共済は、会員を対象として行われる相互扶助事業ですから、共済に加入するには、会員になることが必要です。これに対し、保険の場合は、個人が自由に保険会社から保険という商品を購入することになります。

共済であるか保険であるかにかかわらず、それぞれのサービスの内容にはさまざまな違いがあります。

まず、加入できるペットについては、犬、猫に限らず、うさぎや爬虫類でも加入できるものがあります。加入について年齢制限を設けている場合もありますし、保障期間が終身ではないものもあります。

保障の対象となる病気や治療行為もさまざまですが、予防接種や去勢・避妊手術が対象外とされるものがあります。同じ脱臼でも、交通事故の場合は保障するが、その他の場合は保障しないなど、原因によって対象となるかどうかが変わる保険もあります。同じ治療行為でも、対象となる動物病院が提携病院に限定されている保険もあります。

保険金（共済金）等の支払方法についてもさまざまで、飼い主がいったん治療費全額を病院に支払った後に保険会社に請求することによって支払いを受けるものや、保険証を発行して提携病院で提示することにより自己負担分だけ治療費を支払えばよいものがあります。

このほか、保障金額に上限があるもの、死亡した場合の葬儀費用等の支払いがあるもの、ガンの特約がついているもの、一定期間ごとにボーナスが返ってくるもの、咬みつき事故についての保障を含むものなど、さまざまな種類があります。

3　加入前に契約内容の確認を

このように、さまざまなサービス内容がありますので、契約の際には、あなたのペットが加入対象となっているのかどうか、いつも通っている動物病院での治療が対象となるのかどうか、どのような場合にいくら支払われるのか、きちんと確認するようにしてください。

なお、以前はペット共済事業を行うには特別な免許も登録も必要ありませんでしたが、保険業法の改正によって、現在は、保険会社か少額短期保険業者のみが保険業法による登録・免許を得て共済事業を行うことができるようなりました。

Q60　ペットのトラブルに対応した飼い主のための保険

私の飼っている犬が子どもに咬みついてけがをさせてしまいました。相手の治療費などの損害について賠償しなければなりません。ペットのトラブルに対応した個人賠償責任保険があると聞いて、もっと前に知っておけば入っていたのに、と思っています。個人賠償責任保険とはどのようなものなのでしょうか。

▶▶▶Point

①　ペットの飼い主としての損害賠償責任を補償する個人賠償責任保険

②　保険金が支払われない場合（免責）があります

1　個人賠償責任保険

飼っている犬が人に咬みついてけがをさせてしまったり、飼っている猫が他人の自動車を傷つけてしまったりするなど、どんなに気を付けていても、ペットによる事故を完全に防ぐことはできません。しかし、ひとたび何か事故を起こしてしまった場合には、飼い主は動物の占有者として厳しく責任を問われ（Q20参照）、損害賠償金の支払いを余儀なくされてしまいます（飼い主の責任については、第5章を参照）。

そのような場合に備え、個人が第三者に対して負う損害賠償について補償する個人賠償責任保険（あるいは特約）にあらかじめ加入しておくとよいでしょう。

ペット事故の補償については、ペットの健康保険（Q59参照）の特約として付けられていることも多く、その他自動車保険や火災保険、傷害保険の特約として付帯したり、通常の個人賠償責任保険の補償対象としてあらかじめ含まれている場合が多いため、ペット事故用の個人賠償責任保険が単体で販売されることは、ほとんどないと思われます。

まずは、ご自分やご家族の加入されている保険の内容を確認してみてください。

2　どのような場合にも保険金全額が支払われるわけではない

ペット事故が起きた場合に、すべての事故について、また損害金全額について、補償が行われるとは限りません。保険契約には、必ず免責（保険金を支払う保険会社の責任が免除されて、保険金が支払われない場合）についての定めがあります。

たとえば、飼い犬が人に咬みついてけがをさせた場合であっても、飼い主がわざと犬をけしかけた場合（故意）や放し飼いにしていた場合（重過失）には、免責となり、保険金が支払われません。また、補償される事故であったとしても、補償額に上限が設けられているため、保険金では一部しか賄うことができない場合もあります。

契約の前に、補償内容を確認し、目的にあった保険（特約）を選ぶようにしましょう。

Q61 長い間一緒に暮らしていたペットが死んで、何もする気が起きないのですが……

10年以上一緒に暮らしていたペットが死んでしまい、悲しくて仕方がありません。食事も喉を通らず、なかなか眠ることもできません。

▶▶▶ Point

① **ペットロスに悩む人が増えています**

② **きちんと悲しむことは大切なことです**

③ **他の人の力も借りましょう**

1 ペットロス

ペットロスとは、伴侶動物の喪失のことを意味します。愛するペットを失ったことによる悲しみ・つらさによる精神的な落ち込みや、これによる精神症状のことを指す場合もありますが、本来の意味としては、ペットとの死別体験をいいます。

ペットとの楽しかった日々、可愛かったペットを思い出して涙したり、どうして助けることができなかったのか、他に助ける方法がなかったのかと、自分を責めてしまう人も多いようです。食事が喉を通らない、眠れなくなる、無気力状態が続いてしまうこともあります。家族の一員である大切なペットを失ったのですから、悲しい、つらい、苦しいのはもっともなことだと思います。

ところが、ペットを飼ったことがない人には、その悲しみはなかなか理解しきれるものではありません。家族でさえ、あなたの悲しみが大きなものであることに気づかないこともあります。そのため、「たかがペットのことで」という第三者の言葉に、さらに傷つく方も多いようです。

これほど悲しみ、落ち込んでいる自分がおかしいのではないかとさらに不安になることもあるようですが、あなたの悲しみは、ペットへの深い愛情の裏返しです。

動物は人間と違って、話をすることができないうえ、飼い主の世話なくしては生きていけません。そのため、「もっとしてあげられることがあったのではないか」、「もっと早く気づいていれば助けてあげることができたのではないか」と、飼い主は自分を責めてしまいがちです。しかし、自分を責める必要はありません。きっと、あなたの大切なペットは、懸命に世話をしてくれたあなた、一緒に遊んでくれたあなたに感謝しています。

ペットのことを無理して忘れようとする必要はありません。ペットの死と向き合い、きちんと悲しむことは、大切なことです。

2　1人で悩まず、相談したり、仲間を探す

あなたと同じように、ペットを失った悲しみに苦しんでいる人たちはたくさんいます。1人で悩まず、勇気を出して、相談してください。

最近は、ペットロスの悩みを相談する窓口も増えています。ボランティアによるホットラインや医師によるカウンセリング、同じペットロス仲間による集まりなど、外部の助けも借りてください。インターネットでは、一緒にペットの死を悲しんでくれる人たちもいれば、ペットロスから自分が立ち直った経緯を紹介している人たちも大勢います。

Q62　ペット探偵を頼む際にどのようなことに注意すればよいか

ペットがいなくなってしまったので、ペット探偵に捜索を依頼したいのですが、依頼する際に、何か気を付けなければいけないことはありますか。

▶▶▶ Point

① **ペットを見つけることができなくても、費用を支払わなければなりません**

② **依頼の範囲を明確にすることが大切です**

1　ペット探偵とは

飼い主からの依頼を受けて、迷子になったペットの捜索・捕獲を行うのがペット探偵の仕事です。

人間の所在や行動を調査する探偵業については、探偵業の業務の適正化に関する法律により、届出などの規制が定められていますが、ペット探偵については、これを規制する法律はありません。

ペット探偵はペットを探すのがその業務の内容ですが（準委任契約：民法656条）、発見して連れ戻すという結果まで保証するものではありません。そのため、ペットが戻ってこない場合でも費用は支払わなくてはなりませんので、この点に注意が必要です。

2　契約内容、特に費用に関する合意に注意が必要

依頼の仕方は、あらかじめ捜索期間と捜索場所を区切って依頼をし、状況に応じて期間等の延長を追加で依頼する形式が多いようです。また、ペット

が無事に発見・捕獲された場合には、さらに成功報酬を支払う場合があります。

ペット探偵に依頼する場合には、いつ（期間、日数、時間）、どこを（場所）、誰が（何名で）、どのように（聴取り、ポスターやチラシの使用、インターネットでの呼びかけ等）捜索するのか、費用は何に対してどのような基準でいくら必要となるのか、きちんと確認する必要があります。

また、なかなかペットが見つからない場合には、飼い主としては気が気ではないため、ペット探偵がきちんと仕事をしているのか、不安になることでしょう。ペット探偵は、依頼主である飼い主に対し、準委任契約に基づく報告義務を負っていますので（民法645条・656条）、飼い主はペット探偵に対して報告を求めることができます。報告の方法についても、事前に確認しておきましょう。

さらに、ペットが途中で帰ってきたり、ペット探偵とは無関係にペットが見つかった場合には、契約を打ち切って捜索を終了してもらう必要があります。また、ペット探偵に不満があって契約を打ち切りたい場合もあるでしょう。これらの場合、準委任契約は、いつでも解約することができますので、解約を申し出てください。ただし、ペット探偵の側に債務不履行がある場合（約束した場所を探さない、報告を一切行わないなど）や解約がやむを得ない場合（ペットが自分で戻ってきたなど）以外の場合には、一定の費用を支払わなくてはなりません。契約前に、途中で解約する場合の費用の支払いについても確認しましょう。なお、契約条項の中に違約金等に関する定めがあり、その金額が、解約に伴って事業者に生ずべき平均的な損害の額を超える場合には、その超える部分は無効になります（消費者契約法9条1号、Q31参照）。

なお、ペット探偵がより効率的にペットを探し出すためには、飼い主からの正確な情報提供が重要です。依頼する際には、ペットの写真、ペットがいなくなった場所や状況、ペットの普段の散歩コースやペットの性格など、探し出す手がかりとなりそうな情報を提供しましょう。

3 よくあるトラブル

ペット探偵を依頼した場合のよくあるトラブルとしては、知らないうちに費用が高額になってしまった、きちんと探してもらえなかったといったものが考えられます。

ペットがなかなか見つからない場合、その捜索範囲や捜索時間はどんどん増えていきます。最初に契約する際に、捜索の範囲・時間・方法などによってどれくらいの費用がかかるのかをきちんと確認することが大切ですが、さらに、範囲や時間等の拡大について、きちんと依頼者である飼い主の了解をとったうえで進めてもらうことを確認してください。依頼する際に、あらかじめ予算を知らせておくのもよいでしょう。また、きちんと捜索活動をしているのかどうかについては、定期的に、捜索内容についての報告をしてもらうようにしてください。

ただし、残念ながら、ペット探偵が契約に基づいた捜索を行ってもペットが見つからない場合もあります。しかし、見つからない＝捜索をしていないということではありませんので、見つからない場合でも費用を支払わなくてはならない点については注意が必要です。

Q63 譲ったペットが虐待されている場合に取り戻すことはできるか

　私の飼い犬が生んだ子犬を第三者に譲ったのですが、きちんと育ててくれていないようです。取り返したいのですが、取り返すことはできますか。また、虐待されているような場合には、どのようなことができるでしょうか。

▶▶▶ Point

①　負担付き贈与は債務不履行を理由に解除できます

②　解除条件付き売買は解除条件の成就を理由に取り消すことができます

③　虐待をしている場合には罰則の対象となります

1　犬を返してもらうには

⑴　負担付き贈与

　あなたが子犬を無償で第三者に譲った場合には、子犬を贈与したことになります（民法549条）。

　贈与する際に、毎日散歩をさせるとか、きちんと育てるといったことを約束している場合（受贈者に一定の負担を負わせている場合）には、負担付き贈与となります。この場合、もらった人が負担をきちんと果たさないときは、債務不履行を理由に、贈与契約を解除し、子犬を取り戻すことができます（同法553条、Q25参照）。

⑵　解除条件付き売買

　これに対し、あなたが子犬を有償で（お金をもらって）第三者に譲った場合には、子犬を売買したことになります（民法555条）。

　売買契約の場合でも、きちんと育ててくれない場合には売買契約を取り消すという条件（解除条件）を付けて売買を行っている（解除条件付き売買契約）のであれば、きちんと育ててくれないという解除条件が満たされたことを理由に、売買契約を取り消し、子犬を取り戻すことができます。

いずれの場合にも、契約を締結する時点で、負担や解除条件の内容を明確に定めておくことが必要です。後のトラブルを回避するためにも、契約の際には、契約書を交わすようにしましょう。

2 虐待をしている場合

動物を虐待することは禁じられています。

具体的には、動物愛護管理法2条1項には、「何人も、動物をみだりに殺し、傷つけ、又は苦しめることのないようにするのみでなく、人と動物の共生に配慮しつつ、その習性を考慮して適正に取り扱うようにしなければならない」と定められています。

愛護動物をみだりに殺したり、傷つけた場合には、5年以下の懲役または500万円以下の罰金が科されます（動物虐待罪、同法44条1項）。餌や水を与えなかったり、病気やけがについて適切な保護をしなかったりした場合（同条2項）、動物を遺棄した場合（同条3項）にも1年以下の懲役または100万円以下の罰金が科されます（Q7参照）。令和元年の改正により、罰則が引き上げられています。

虐待を発見した場合には、警察や地方自治体（保健所や動物愛護（管理）センターなど）に連絡をしてください。告発により刑事上の処罰を求めたり、飼育に関して都道府県知事等による指導などを促すことができます。

Q64 負傷動物、動物の死体を見つけた場合にはどうすればよいか

倒れている猫を見つけました。周りに飼い主がいるわけでもなさそうです。どうしたらよいのでしょうか。

▶▶▶ Point

・発見者による通報

1　発見者による通報

動物愛護管理法36条１項は、「道路、公園、広場その他の公共の場所において、疾病にかかり、若しくは負傷した犬、猫等の動物又は犬、猫等の動物の死体を発見した者」は、その所有者がわかるときは所有者に、所有者が不明の場合には都道府県知事等に、「通報するように努めなければならない」と規定しています。

ですから、ご質問の場合、あなたは、都道府県などに連絡をするようにしてください。

2　動物が死んでしまっていた場合

動物が死んでしまっていた場合、動物愛護管理法36条２項により、都道府県等は、動物の死体を収容しなければならないとされています。実際には市区町村の担当者が、死体を一般廃棄物として処分することになります。発見した場合は、1と同じく、都道府県などに連絡するようにしてください。

3　けがをしているだけだった場合

動物がけがをしている場合にも、動物愛護管理法36条２項により、都道府県

県等は、動物を収容しなければならないとされています。この場合は、市区町村の担当者が動物を引き取って、治療をし、飼い主がわかる場合には、飼い主に連絡をして引き取ってもらうことになります。

一方、野良猫や野良犬であることが明らかな場合、その動物は所有者のいない動物（無主物）となります。無主物は、最初に所有の意思をもって占有を開始した者がその動物の所有権を取得できますので（民法239条1項）、発見者がその動物を飼うことも可能です（Q9参照）。

Q65 自治体による犬・猫の引取り

知人が、大型犬を飼っていたのですが、最近はやりの小型犬を飼いたいということで、その大型犬を自治体に引き取ってもらおうとしています。私としては、そのような自分勝手な理由で大型犬を手放すのはどうかと思うのですが、自治体は飼い主から引取りを求められた場合には、これに応じるものなのでしょうか。

▶▶▶ Point

① **都道府県等の引取義務**

② **動物愛護管理法の改正により引取りを拒否できる場合が定められました**

③ **殺処分を減らすための取組み**

1 都道府県等の引取義務

動物愛護管理法35条１項は、都道府県等は、犬・猫の引取りをその所有者から求められた場合、これを引き取らなければならないと定めています。所有者不明の犬・猫の拾得者等から引取りを求められた場合にも、都道府県等は、これを引き取らなければなりません（同条３項）。

また、犬については、狂犬病予防法に基づく自治体の条例により捕獲が行われています。

2 引取りを拒否できる場合

都道府県等に引き取られた犬・猫のほとんどは殺処分されています。そのため、都道府県等の引取りについて拒否権を認めるべきではないかとの議論が以前から行われてきました。

そこで、都道府県等は、犬猫等販売業者から引取りを求められた場合、動物の所有者が負う終生飼養の責務（動物愛護管理法7条4項）の趣旨に照らして引取りを求める相当の事由がないと認められる場合として環境省令が定める場合には、引取りを拒否することができるとされています（同法35条1項ただし書）。

環境省令（施行規則21条の2）が定める場合とは、①犬猫等販売業者から引取りを求められた場合、②引取りを繰り返し求められた場合、③子犬または子猫の引取りを求められた場合であって、当該引取りを求める者が都道府県等からの繁殖を制限するための措置に関する指示に従っていない場合、④犬または猫の老齢または疾病を理由として引取りを求められた場合、⑤引取りを求める犬または猫の飼養が困難であるとは認められない理由により引取りを求められた場合、⑥あらかじめ引取りを求める犬または猫の譲渡先を見つけるための取組みを行っていない場合、⑦上記①～⑥に掲げるもののほか、動物愛護管理法7条4項の規定の趣旨に照らして引取りを求める相当の事由がないと認められる場合として都道府県等の条例、規則等に定める場合、となっています。ただし、上記のいずれかに該当する場合であっても、生活環境の保全上の支障を防止するために必要と認められる場合については、この限りでないとされています（施行規則21条の2ただし書）。

なお、令和元年の動物愛護管理法の改正により、所有者不明の犬または猫の引取りに関しては、周辺の生活環境が損なわれる事態が生ずるおそれがないと認められる場合その他の引取りを求める相当の事由がないと認められる場合には、引取りを拒否することができるとされました（同法35条3項）。

3　殺処分を減らすための取組み

環境省は、平成18年に策定した基本指針（Q14参照）で、10年間で殺処分数を半減させる方針を打ち出しました。殺処分を避けるためには、一般譲渡（一般人への譲渡）が促進されることが望ましく、これを促進するためのさまざまな措置がとられることが望まれます。

そのため、都道府県知事等は、引取りを行った犬または猫について、殺処分がなくなることをめざして、所有者がいると推測されるものについてはその所有者を発見し、当該所有者に返還するよう努めること、所有者がいないと推測されるもの、所有者から引取りを求められたもの、所有者の発見ができないものについては、その飼養を希望する者を募集し、希望者に譲り渡すように努めることが定められています（動物愛護管理法35条４項）。

実際に行われている取組みとしては、譲渡の必要性、引取り時の繁殖制限の啓発・普及の必要性から、子犬・子猫は成犬・成猫と分けて対応する自治体が増えており、平成18年に定められた「犬及び猫の引取り並びに負傷動物等の収容に関する措置について」（平成18年１月20日環境省告示26号、平成25年８月30日改正）では、幼齢動物を区別して把握することとなっています。また、収容期間については、現在は、犬で所有者不明の場合、狂犬病予防法では２日間の告知日しかありませんが、条例でこの期間を延長している自治体もあります。さらに、譲り受け希望者がみつかりやすいよう、各自治体のホームページによる広報、環境省のホームページの活用も行われています。

ただ、飼育できない動物がどんどん増えていっては、譲渡だけで不幸な動物を減らすには限界があります。繁殖制限、不妊・去勢手術への助成など、飼育できない動物を減らす方向での対策もあわせてなされることが望まれます。

コラム⑱　災害時の動物救護に向けた取組み

災害時のペット動物の避難について、近年、新聞などメディアにおいても多く取り上げられるようになってきました。動物愛護管理法も整備され「人と動物の共生」「ペット動物の生きる権利」「飼養者の義務」などが社会的にも重要視されています。

平成16年の新潟県中越地震の際に、ペット動物が避難所に入ることを拒否された飼い主が自家用車で愛犬と生活していて、エコノミー症候群で亡くなったことはまだ記憶に新しいと思います。

非常事態においては「人命が最優先」であることは当然です。当時、ペット動物の避難についての取り決めはなく、避難してきた多くの人たちの混乱を防ぐために、避難所を運営する方々が、動物の入所を拒否したことは非難されるものではありません。しかし、飼い主の方の尊い命が失われた事実を厳粛に受け止め、今後に活かさなければならないと思います。動物を救護することが、飼い主の人命救護につながる場合もあるのです。令和元年に起こった台風19号の激甚災害時にもメディアで動物救護が盛んに取り上げられ、動物を飼っているために避難が遅れたり、避難所への入所拒否があったり、中越地震から15年経った今でも、遅々として進んでいなかった避難所のあり方を考え、動物を飼っている人たちを災害弱者にしないための議論が盛んに行われました。

では、実際の災害時においてペット動物はどのように保護されるのでしょうか。

災害時の動物救護活動に必要なことは、人のそれと同じく、自助・共助・公助の三つの柱です。

非常時に、大切な家族の一員であるペット動物を守れるのは飼い主です。ペット動物の救出・保護活動はすべて飼い主がいなければできません。まずは、自分自身の身を守り、安全を確保することを最優先してください（自助）。そして大切なペットを災害から守ってあげてください。東京都が平成16年２月にまとめた「東京都動物愛護推進総合基本計画〈ハルスプラン〉」では、「災害への備え」の普及啓発プランの中で「一般飼い主への対策」として、以下のようにしています。

> 動物の飼い主は、一時的緊急避難の必要が生じた場合、飼養する動物を同行避難することになっています。避難所で、他人に迷惑をかけず、

また動物のストレスを最小限に抑えられるような管理方法を普段から用意し、備えておくことが求められます。特に、犬に基本的なしつけを施しておくことは、他人に迷惑をかけないばかりでなく、犬にとっても避難所生活のストレスを軽減させることになります。動物の飼い主に対し、避難場所の確認、動物の非常食の備蓄、同行避難の際の管理方法、必要なしつけ、不妊去勢手術等、災害に対する備えについて、適正飼養講習会、広報誌、多言語対応のパンフレットの配布、区市町村の災害訓練の機会などを活用して普及啓発をしていきます。

＊同行避難…大地震、噴火等、非常災害時に飼養動物を同行して避難すること。

平成24年11月に東京都地域防災計画が修正され、飼養動物の同行義務が明記されました。

日頃の備えとして飼主に心がけてほしいことは、「ペットの分も防災用品を準備すること」と「定期的な感染症予防」です。避難所は不衛生になりやすいので、動物の衛生管理はしっかり行わなくてはなりません。狂犬病ワクチンの接種、その他ワクチン接種、ノミやダニの駆除、消化管内寄生虫の駆除などは、人畜共通感染症予防・動物の健康管理の両面からも、定期的に実施する必要があるでしょう。ペット動物の飼い主には、いざというときに備えて、かかりつけの獣医師などに災害時のことについて相談されることをお勧めします。

また、ペットは言葉を話すことができません。離ればなれになってしまったときのために、ペットの身元を証明できるもの（首輪・鑑札・マイクロチップなど）を付けておくことも大事です。家族との写真を撮っておくのもよいかもしれません。

次に、普段から犬の飼い主は、散歩仲間と、避難ルートや避難所での助け合いについてなど、災害時のことを話し合う機会を設けておくとよいでしょう（共助）。避難所のある町内会の役員の方々とも動物避難について話合いができれば、なおよいと思います。普段の備えがないと、非常時にはとても行動できません。

もう一つ忘れてはいけないことは、世の中のすべての人が動物を好ましい存在と思っているわけではないということです。避難所に集まっているほかの人々に迷惑をかけないよう、普段から動物のしつけをしっかりしておくことが大事です。また、リードでつないだり、ケージに入れて移動したりすることに馴らし、避難時などに手許から逃がさないようにする工夫も必要です。

また、特定動物を飼っている飼い主は、非常の際の移送手段・移送先などを地方行政・販売業者・獣医師も交えて話し合っておくことが必要でしょう。

最後に行政への働きかけ（公助）ですが、地域のネットワークが出来上がったら、行政に対して災害時の補助を求めることも必要です。地方自治体で動物救護に関する取り決めが出来上がることにより、よりスムーズな救護活動が可能になるでしょう。

東京都では被災動物への獣医療救護活動等の動物保護の体制を充実し、災害時における飼養動物の救護を行うため、東京都獣医師会を災害対策基本法２条６項に規定する「指定地方公共機関」に位置づけ、連携をとりながら災害に備える努力を始めています。

また、東京都獣医師会では、平成12年６月に起こった三宅島雄山噴火に伴う災害の教訓を活かし、各支部がそれぞれの所属する区市町村との間に動物救護についての協定を取り交わすべく努力しており、すでに約20の区および市で協定書の締結に至っています。

地方自治体の協力体制が出来上がったとしてもそれを運用・利用する双方の準備が出来上がっていないことには、せっかくの公助も「絵に描いたもち」になってしまいます。

公助（行政）の整備を待っている間にも震災などの災害はいつ起こるかわかりません。何よりも自助と共助、つまり普段からの飼い主の準備・地域の理解が大切になってきます。

明日からでも家族や友人と、人や動物の防災について話し合ってみてはどうでしょう。

平成23年３月11日に発生した東日本大震災では、過去に経験のない大規模地震とそれに伴う大津波により甚大な被害が発生しました。さらに、続発した原子力被害に伴う緊急避難では、動物を残置せざるを得ず、多くの動物たちが取り残されることになりました。同行避難ができたペット動物の数は373頭のみ（犬304頭、猫63頭、その他６頭）でした（警戒区域指定前の犬猫の飼育頭数はおよそ１万頭）。取り残された動物たちは（家庭動物、産業動物共に）放置あるいは放畜せざるを得ない状況となってしまいました。

また、学校飼育動物は飼育が行き届かなかったこともあり、その多くは飼育舎内で餓死している姿で見つけられました。産業動物は所有者の同意を得て殺処分となり経済的にも大きな被害を出しました。

災害発生直後に十分な動物救護活動が実施されなかったことは、人と動物と環境に大きな影響を及ぼすことになり、後の復興対応に大きな負担を生じさせることになりました。

平成25年６月に環境省が発行した「災害時におけるペットの救護対策ガイドライン」の総説には、「大規模災害時に動物救護対策をどのように講ずるかは、動物愛護の観点だけでなく、被災者である飼い主の避難を支援し、放浪動物による人への危害防止や生活環境保全の観点からも重要な課題である」と記載されています。また、平成30年３月には「人とペットの災害対策ガイドライン」も発行されています。環境省のホームページから閲覧可能ですので紹介をします。

（南台どうぶつ病院院長・公益社団法人東京都獣医師会中野支部防災担当
谷川久仁）

Q66　原発被害とペット

私は、東日本大震災による原発事故により、避難を余儀なくされています。私の家は避難区域にありますので、ペットの猫を連れてくることができず、一時的に家に戻った際には、かわいそうに猫が亡くなっていました。東京電力に対し、ペットについての損害賠償を請求することはできるのでしょうか。

▶▶▶ Point

① **財産的損害を賠償請求することができます**

② **慰謝料を請求することもできます**

1　ペットをはじめとする動物たちの被害

平成23年３月11日に発生した東日本大震災およびこれに伴う原発事故では、現在も多くの方が避難を余儀なくされています。

また、飼い主とともに避難をしているペットがいる一方で、飼い主と暮らすことができず新しい飼い主に引き取られることになったペットや、避難の際に連れていくことができず残念ながら亡くなってしまったペット、安楽死処分されてしまった家畜など、数多くの動物たちも被害にあっています。

2　財産的損害の請求

原子力損害賠償紛争審査会による「東京電力株式会社福島第一、第二原子力発電所事故による原子力損害の範囲の判定等に関する中間指針」（平成23年８月５日）によれば、財産の管理が不能となったことにより財産の価値が喪失または減少した場合には賠償すべき損害とされています。そして、その財産的損害の基準となる価値喪失の評価額については、「原則として、本件事故発生時点における財物の時価に相当する額とすべき」とされています。つまり、時価を請求することになります（ペットの財産的価値については、Q48参照）。

ご質問のケースのように、避難区域内にペットを残しておくことを余儀なくされ、餌をやることができず、ペットが死亡してしまったような場合は、避難等を余儀なくされたことに伴い、財産の管理が不能になった場合（同指針第３・10Ⅰ）に該当します。そのため、ペットの財産的価値を損害賠償請求することができます。

死亡したペットの葬儀などを行った場合には、葬儀費用も財産的損害として損害賠償請求をすることもできます（Q48参照）。

3　慰謝料の請求

大切なペットを家に置き去りにし、餓死させてしまうことを余儀なくされた飼い主の苦しみは、並大抵のものではありません。飼い主は、ペットの死亡により自らが被った精神的苦痛を慰謝するための慰謝料を請求することもできます（Q48参照）。

また、大切なペットと離ればなれになることも、飼い主にとっては多大な精神的苦痛になります。そのため、ペットと離ればなれになっていることを、避難に伴う慰謝料の増額事由として主張することも考えられます。

4　具体例

東日本大震災による原発事故については、原子力損害賠償紛争解決センター（原紛センター）において、紛争解決のための和解の仲介手続が行われています。原紛センターは、原子力事故の被害者による原子力事業者に対する損害賠償請求を円滑・迅速・公正に解決することを目的として設置された公的な紛争解決機関です。

原紛センターにおける申立事案を数多く取り扱っている東日本大震災による原発事故被災者支援弁護団による「原発被災者弁護団・和解事例集」（原発被災者弁護団ホームページ）では、原紛センターにおける和解成立事案において認められたペットに関する損害賠償の事例が紹介されています。

具体的には、ペットの世話のための交通費を月額２万5000円とし請求対象期間である18カ月分を避難費用として認めた事例、飼い猫の死亡に対して夫婦に各５万円の慰謝料を認めた事例、１カ月愛犬を置き去りにしてきたこと、その後愛犬と親戚宅に預けておかねばならない状況、その親戚に世話の費用として月１万円を払っている状況を総合して、避難に伴う慰謝料について３万円を増額した事例、ペット死亡の慰謝料として、世帯に対し一時金10万円が認められた事例、ペットの世話を親族にみてもらっていることに対する謝礼金11万円のうち５万円が損害として認められた事例が紹介されています。

コラム⑲　東日本大震災における動物救護に向けた取組み

平成23年３月11日に発生した東日本大震災では、ペットの避難所への持ち込みを拒まれ、車中生活を余儀なくされる被災者の方も見られました。また、東京電力福島第一・第二原発事故が発生した福島県では、警戒区域内に犬や猫などを残して避難し、餌不足で死なせてしまうケースもありました。

これらの事例に対し、環境省は、ペットを家族の一員ととらえ、「一緒に避難することが被災者の心の安定にもつながる」（動物愛護管理室）と判断し、地震などの災害時に被災者が避難所や仮設住宅にペットを持ち込むことができるよう、「被災動物の救護対策ガイドライン」を作成したということです。ガイドラインでは、自治体に対し、地域の獣医師会やペット用品を扱う企業、ボランティア団体と連携し、負傷したペットの治療や救援物資の輸送などの体制をあらかじめ整備することを求めています。また、動物が苦手な人やアレルギーをもつ人がいることを踏まえ、ペット同伴者専用の部屋やスペースを設ける手法なども提案・紹介しています。

このように、平成25年現在、国をあげて災害時の動物救護に取り組む態勢ができつつありますが、被災時の現場はどうだったのでしょうか。実際に被災した仙台市・みやぎキャットクリニックの岡田季之院長は、次のように言っています。

「私の病院は建物の被害が少なかったので、震災直後からとにかく病院を開けて病気の診療や飼い主さんの相談を受け付けていました。３月14日までは停電だったので大変でしたが、停電が解消した14日頃から有志が集まって避難所を訪問し、フードの支援やカウンセリングをしていました。本格的に活動を始めたのは４月に入ってからです。避難所だけでも約40頭の犬・猫が一緒に生活していました。駐車場に停めた車で過ごしていた動物を含めると相当な数がいたと思います。そのほかに動物病院や動物管理センターで預かっている動物は60頭くらいでした。仙台市では、動物病院のキャパシティは160頭くらいあるので、専用のシェルター（動物と飼い主が避難できる場所）はつくらない方針となりました。仮設住宅では、動物に関する制限はありませんでしたが、今後は制限を行うことが予想されたので、①伴侶動物の同居に制限を求めないこと、②制限をする場合には同居できる施設をつくること、を要望書としてまとめ、仙台市に提出しました。とにかく情報が入ってこなかったので、市内の全動物病院でメーリングリストを作成し、一斉送信しながらメールで情報を共有して対応していました」。

被災直後はどうしても個人や地域の有志の力（自助・共助）で対応することになるようです。また、情報の共有手段をいかに素早く確立させるかということが課題としてあげられます。

一方、公助については、環境省の主導により、財団法人日本動物愛護協会、公益社団法人日本愛玩動物協会、社団法人日本動物福祉協会、社団法人日本獣医師会が「緊急災害時動物救援本部」を立ち上げ、動物同伴可能な避難所の情報、動物ボランティアの募集、避難所での動物の過ごし方などの情報発信や、義援金の募集等の活動を行いました。また、首都圏へ避難した被災者のペットの一時預りについては、社団法人日本動物福祉協会が相談窓口となって受け入れ先を紹介しました（詳しい活動の内容については、環境省ホームページ参照）。

甚大な被害を受けた東北地方を支援するために、東京都獣医師会では、地震発生直後から防災担当理事が会員の安否と病院施設の被災状況を確認し、緊急に報告書をまとめました。その後、施設が無事だった病院に対し、被災動物の受け入れの可否を調査し、約300病院で1000頭近くの動物を預かれることを確認したうえで、緊急災害時動物救援本部に支援を打診しました。この迅速な対応は、2000年に発生した三宅島災害の経験が活かされたものです。また、自治体と行ってきた体制づくりが実を結び、東京都と東京都獣医師会は、平成23年３月15日に「災害時における愛護動物の救護活動に関する協定書」を締結しました。

７月には、東京都家庭動物愛護協会、日本動物愛護協会、日本動物福祉協会、日本愛玩動物協会、東京都獣医師会で構成する「東日本大震災東京都動物救援本部」が設立されました。東京都は、「東京緊急対策2011」に基づき、同本部と協定を締結し、同本部が救援活動を行うための施設として「東日本大震災東京都動物救援センター」が10月に開設されました（１年後の2012年９月30日に、当初の目的を果たしたとして閉所）。後方支援を目的とした同様の取組みは、各地で行われました。

東日本大震災を受けて、動物救護に対して行政側の意識も大きく変わりつつあり、新たな取組みも開始されています。しかし、行政によるハード面の整備とは別に、地域の団体や個人によるソフト面の充実も必要になります。行政がいくら立派な防災施設を設置（公助）しても、災害時の被害を最小限に抑えるために大切なのは、地域の住民の防災への意識（自助）と、地域の理解と助け合い（共助）です。各地区で防災訓練が行われていますが、動物救護の意識は、まだ地域レベルで十分に浸透しているわけではありません。訓練に飼い主が参加することによって、自身の飼っているペットの問題を提起することもできます。自助と共助を高めるためにも、地域の防災訓練に参加してほしいと思います。

最後に、東日本大震災によって被害を受けた皆様に、心からお見舞いを申し上げます。１日も早い復興・復旧をお祈りします。

（南台どうぶつ病院院長・公益社団法人東京都獣医師会中野支部防災担当　谷川久仁）

第7章

トラブルにあったときの対処法

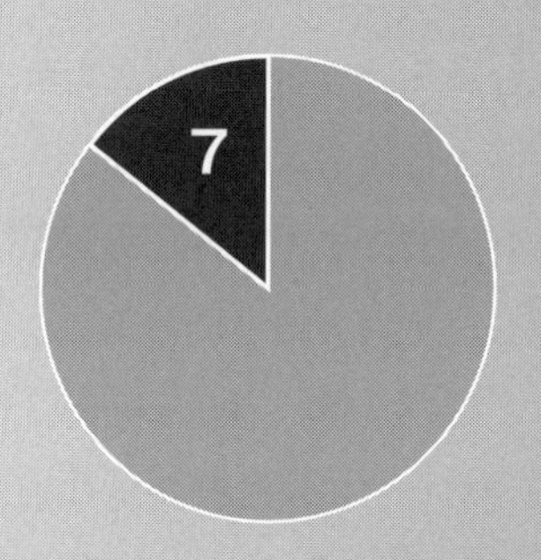

Q67 ペットに関するトラブルがあったときはどのような対応方法があるか

ペットに関するトラブルがあったとき、どのような対応が考えられますか。

▶▶▶ Point

① **民事上の手続――民事調停、あっせん、仲裁、裁判、支払督促**

② **刑事上の手続――被害届、告訴、告発**

③ **行政上の手続**

1 まずは話合いを

ペットに関するトラブルが発生した場合、まずは当事者同士で話合いをするのが通常でしょう。売買のトラブルなどで契約書があるときは、その契約書の条項に基づいて解決することとなります。

話合いをするにあたり、あるいは話合いが決裂した際に、相手に書面で連絡をすることがあります。大切なことを書面で伝える際には内容証明郵便および配達証明を使うのが一般的です。内容証明郵便は、差出人が、同じ内容の文面の文書を3通作成し、1通を相手に郵送し、1通を差出人が保管、1通を郵便局が保管することで、文書の内容・発送日を郵便局が証明するものです。使用できる字数や行数などに決まりがあります。内容証明郵便は、相手に自分の主張を明確に伝えるためや、後で訴訟になった場合に備えて証拠となるように送ったりしますが、送付したこと自体で法的な拘束力が発生するわけではありません。また、配達証明は、郵便局が、相手方に郵便物が届いた日を証明書により証明してくれるものです。

話合いがまとまった場合には、後のトラブル発生を防止するために、合意した内容を示談書や合意書といった書面にしておいたほうがよいでしょう。

2　民事上の手続

⑴　民事調停

いきなり裁判するということに抵抗がある場合や、当事者だけでなく他の人にも入ってもらって話合いをしたいというときは、民事調停を利用することが考えられます。

民事調停は、裁判所に申立てをすることにより行われ、決まった日に裁判所が当事者双方を呼び出し、調停委員が間に入って話合いが行われます。ただ、相手が呼出しに応じない場合は調停を始めることはできません。また、調停が始まっても、双方の話が平行線をたどり、話合いでの解決が難しい場合は、調停は打ち切られてしまいます。

⑵　あっせん、仲裁

第三者に入ってもらう話合いで紛争を解決する手段としては、他に裁判外紛争解決手続（ADR）として、あっせんや仲裁があります。

あっせん手続とは、当事者間での話合いによる解決が困難な場合に、第三者があっせん人となって、当事者双方の言い分を聞き、争点等を整理したうえで、和解のあっせんを行うものです。

あっせんによる話合いでは決着がつかないものの、当事者双方が、仲裁人の判断に従うという仲裁合意をした場合には、仲裁が行われます。仲裁は、仲裁人が当事者双方に対して仲裁判断を下し、当事者がこれに従う手続です。仲裁判断は、後に述べる裁判の確定判決と同一の効力を有します。一度、仲裁判断が下されると、上訴によって争うことはできなくなります。

各地の弁護士会や行政書士会などが、裁判外紛争手続を行う機関として、紛争解決センターなどを設置し、あっせんや仲裁を実施しています。

⑶　裁　判

話合いでの解決ができない場合には、裁判所に裁判を提起し、判断を求めることができます。裁判は、管轄のある裁判所に提起しなければなりません。管轄は、法律や当事者の合意によって決まります。

裁判手続では、当事者双方の主張および証拠に基づいて、裁判官が法的請求に対する判断を下し、判決を出して、争いに決着をつけます。相手が欠席すれば相手に不利になりますので、裁判になれば、通常は相手か、相手の依頼した弁護士が裁判所に出廷します。

裁判になってからも、裁判の進行によって、裁判官が話合いの場を設けたり、話合いでの解決を勧めたりすることがあります。話合いがつけば和解となり、裁判は判決を待たずに終了します。

裁判には、簡易裁判所での裁判と、地方裁判所での裁判があります。相手への請求額が140万円以下の場合は簡易裁判所の管轄になりますが、獣医療過誤事件のように事案が複雑なものについては、請求額にかかわらず地方裁判所に提起することになります。

簡易裁判所のほうが扱う金額も小さく、当事者本人が裁判の申立てをしやすいという面があります。さらに、簡易裁判所の手続の中には、少額訴訟という手続があります。これは、相手への請求が60万円以下の場合に、１日で審理を終了させるという簡略化された手続です。

⑷　支払督促

ほかに、簡易な手続として、支払督促があります。これは、相手へ請求する内容が、金銭の請求や物の引渡請求といった単純な場合で、書面のみで審理することが可能な場合に行われます。債権者が簡易裁判所の書記官に申し立て、その請求に理由があると認められる場合に、裁判所が債務者に支払督促を発します。これに対し、債務者が２週間以内に異議の申立てをしなければ、裁判所は債権者の申立てにより、支払督促に仮執行宣言を付さなければならず、債権者はこれに基づいて強制執行の申立てをすることができることになります。しかし、債務者側から異議申立てがあれば、請求額に応じて、簡易裁判所または地方裁判所の裁判手続に移行することになります。

各手続にはメリット・デメリットがありますので、解決に適した手続を選択する必要があります。

3　刑事上の手続

調停・裁判という方法は民事上の解決方法ですが、トラブルの種類が、刑法や動物愛護管理法違反など罰則を定めた法律違反である場合は、刑事上の処分を求めることも考えられます。

⑴　刑事事件の流れ

刑事事件の大まかな流れとしては、まず警察がその犯罪事実を知って、取調べ、証拠収集などの捜査を開始します（刑事訴訟法198条２項）。その捜査の結果を受けて、検察官が被疑者の性格、年齢・境遇、犯罪の軽重・情状並びに犯罪後の状況を考え、訴追が必要と判断した場合、検察官は、被疑者を起訴して刑事裁判となります（同法248条・249条）。そして、有罪か無罪か、有罪の場合には刑の種類・内容が、判決で決められます。刑の種類が懲役・禁錮の場合は、判決により、刑期や執行猶予となるのかどうかが決められ、罰金の場合は金額が決められます。

⑵　被害届、告訴、告発

警察の捜査を開始してもらうためには、警察に犯罪事実を知らせる必要があります。

警察に知らせる方法としては、告訴をするとよいでしょう。告訴とは、犯罪被害者その他一定の者が、捜査機関に対して、犯罪事実を申告し、その訴追を求める意思表示のことです（刑事訴訟法230条以下）。告訴をするには、警察に口頭または書面ですることができ（同法241条）、告訴を受けた警察は、速やかに捜査するよう努めなければなりません（同法242条）。

告訴は、最寄りの警察署や、事件のあった場所の管轄の警察署などにすることになります。

なお、警察に知らせるために被害届を出すという方法もありますが、被害届は犯罪事実のあったことの届出にすぎませんので、犯人を処罰するために捜査してほしいことを明確にするには、告訴をしたほうがよいでしょう。

また、告訴と似た制度で告発という制度があります。告訴は犯罪を受けた被害者が行うのに対し、告発は誰でも行うことができます（刑事訴訟法239条１項）。たとえば、動物が虐待されているのをみつけたときは、飼い主は告訴をすることができますが、飼い主以外の人でも、動物愛護管理法違反で告発することができます。

⑶　親告罪

犯罪の中には、告訴がなければ検察官が起訴することができないと法律で定められているものがあります。動物愛護管理法違反は親告罪ではありませんが、器物損壊罪（刑法261条）は、親告罪とされていますので（同法264条）、告訴が必要です。

4　行政上の手続

罰則規定がない場合であっても、たとえば不適切な飼育により飼い主が近所に迷惑をかけてトラブルになっている場合などは、保健所などの行政機関に通報し、勧告や命令をしてもらう方法があります。

Q68 弁護士へ依頼するときはどのようなことに注意すべきか

ペットショップでペットを買いましたが、買う前から病気があったらしく、すぐに死んでしまいました。ペットショップに売買代金の返還を求めましたが、応じません。弁護士へ交渉を依頼したいと思いますが、どのように依頼すればよいのでしょうか。また、司法書士や行政書士にも依頼できるのでしょうか。

▶▶▶ Point

① **弁護士へ依頼することのメリット**

② **司法書士や行政書士よりも、弁護士が扱える業務の範囲は広い**

1 弁護士へ依頼するメリット

ご質問の場合、とりうる対応としては、ペットショップと売買代金の返還に関する交渉をし、交渉がまとまらなければ裁判をするという手続が考えられます。法的にどのような請求ができるのかについては、弁護士への法律相談で確認することができます。

弁護士は、依頼者本人を代理して相手と交渉することができますので、交渉を依頼すれば、自分で交渉するストレスや時間的な負担はなくなります。また、交渉内容についても、弁護士は、一般的な裁判の動向を踏まえ、どの程度で交渉をまとめるのが依頼者にとってメリットがあるのか、相手がなかなか交渉に応じない場合に妥協したほうがよいのか訴訟にしたほうがよいのかなど、紛争解決の方向性についても法的判断をしながら進めますので、法的なことが全くわからず交渉を進めるよりは方向性が見え、有利といえます。

最終的に交渉がまとまらず訴訟になった場合、弁護士に依頼すれば、裁判所には依頼者に代わって弁護士が出頭しますし、裁判所に提出する書類も弁護士が作成しますので、あなたの負担は大幅に軽減されます。

2 弁護士をみつける方法

弁護士に依頼したい場合は、各地の弁護士会が法律相談を行っていますので、問合せをして、法律相談の担当弁護士へつないでもらい、依頼する方法があります。予約が必要な場合もありますので、必ず事前に問合せをすることをお勧めします。

日本司法支援センター（法テラス）のコールセンターでも、各種相談機関の紹介をしています。

また、最近では、日本弁護士連合会のホームページ（ひまわりサーチ）や各地方の弁護士会のホームページで、弁護士が取扱分野を公開している場合もありますし、弁護士のホームページやブログなども活発になっていますので、参考にしてください。

3 弁護士との委任契約

弁護士に法律相談を行った結果、事件を依頼する場合には、弁護士と委任契約を締結することになります。このときには、弁護士報酬に関する事項を含む委任契約書を作成することになります。

4 弁護士と司法書士・行政書士の職務の違い

司法書士や行政書士も法律に関連する専門家ということができますが、弁護士は、基本的に法律家としてオールマイティーの資格ですので、司法書士や行政書士、弁理士や税理士などの仕事を扱うこともできます。

弁護士は当事者間の法律上の争いの有無にかかわらず法律事務を扱うことができ、争いのある場合は、当事者を代理して交渉や訴訟を進めることができます。しかし、行政書士には、交渉をする代理権はありません。司法書士のうち認定司法書士は、訴額が140万円を超えない事件については交渉や訴訟をする代理権がありますが、それ以外の場合には代理権はありません。

ご質問の場合のように、当事者間で争いがあることが前提の場合は、弁護士に依頼をすることになるでしょう。

Q69 動物が虐待されている場合、警察に通報すれば止めてくれるのか

公園で動物がいじめられ傷つけられている現場を目撃しました。警察に通報したら、やめさせてくれるでしょうか。また、自分の犬が他人に石をぶつけられてけがをした場合は、警察に何かしてもらうことができますか。

▶▶▶ Point

・警察は、犯罪を捜査するだけでなく、犯罪予防のための警告や制止もできます

1 警察の仕事

警察は、「個人の生命、身体及び財産の保護に任じ、犯罪の予防、鎮圧及び捜査、被疑者の逮捕、交通の取締その他公共の安全と秩序の維持に当ることをもつてその責務とする」とされています（警察法2条1項)。

警察官は、犯罪がまさに行われようとするのを認めたときは、その予防のため関係者に必要な警告を発し、また、もしその行為により、人の生命・身体に危険が及び、または財産に重大な損害を受けるおそれがあって、急を要する場合においては、その行為を制止することができるとされています（警察官職務執行法5条)。

また、警察官は、犯罪が行われている現場では犯人を現行犯逮捕することができます（刑事訴訟法213条。なお、現行犯逮捕は誰でもすることができます)。

2 現場を目撃したら

ご質問のように、公園で動物が虐待されている現場を目撃した場合は、動

物愛護管理法違反の現場を目撃したのですから（同法44条１項）、警察に通報し、現場を確認してもらうということが考えられます。状況によっては、警察が動物愛護管理法について十分に理解しておらず、「忙しい」などといってなかなか動いてくれないということもありますが、最近は動物愛護管理法違反の逮捕者や有罪になった者も出てきていますので、犯罪であることを説明し、現場で警告してもらうようにしましょう。通報する際には、日時や場所を特定するとともに、虐待行為について、写真や動画などの証拠があれば、その旨も伝えるとよいでしょう。

兵庫県警察では、平成26年１月から、アニマルポリス・ホットライン（動物虐待事案等専門相談電話）が開設されました。動物愛護関係の法令に詳しい警察官が対応してくれるそうです。

令和元年10月には、大阪府が大阪府動物虐待通報共通ダイヤル「おおさかアニマルポリス＃7122」（悩んだら・わん・にゃん・にゃん）を開設しました。

3　飼い犬が他人にけがをさせられた場合

自分の犬が他人にけがをさせられた場合は、動物愛護管理法44条違反や器物損壊罪（刑法261条）に基づき、警察に捜査するよう働きかけることができます。この場合、警察に知らせる方法として、被害届の提出、告訴などの方法が考えられます（Q67参照）。

資　料

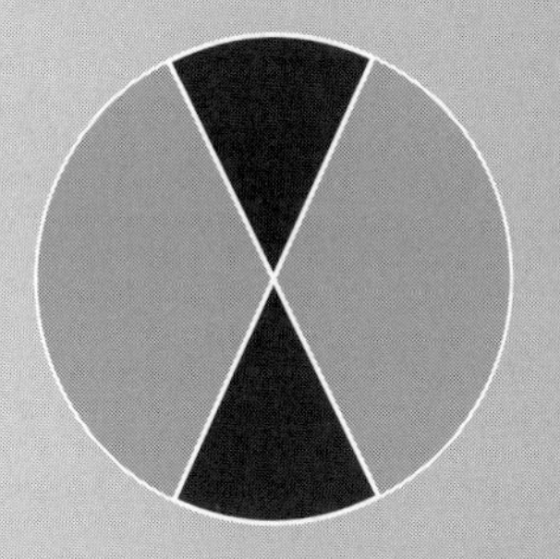

動物の愛護及び管理に関する法律

（昭和48年10月１日法律105号公布、令和元年６月19日法律第39号最終改正）

※令和２年６月１日施行ですが、一部、１年から２年遅れて施行される条文があります。

第１章　総則

（目的）

第１条　この法律は、動物の虐待及び遺棄の防止、動物の適正な取扱いその他動物の健康及び安全の保持等の動物の愛護に関する事項を定めて国民の間に動物を愛護する気風を招来し、生命尊重、友愛及び平和の情操の涵（かん）養に資するとともに、動物の管理に関する事項を定めて動物による人の生命、身体及び財産に対する侵害並びに生活環境の保全上の支障を防止し、もつて人と動物の共生する社会の実現を図ることを目的とする。

（基本原則）

第２条　動物が命あるものであることにかんがみ、何人も、動物をみだりに殺し、傷つけ、又は苦しめることのないようにするのみでなく、人と動物の共生に配慮しつつ、その習性を考慮して適正に取り扱うようにしなければならない。

２　何人も、動物を取り扱う場合には、その飼養又は保管の目的の達成に支障を及ぼさない範囲で、適切な給餌及び給水、必要な健康の管理並びにその動物の種類、習性等を考慮した飼養又は保管を行うための環境の確保を行わなければならない。

（普及啓発）

第３条　国及び地方公共団体は、動物の愛護と適正な飼養に関し、前条の趣旨にのつとり、相互に連携を図りつつ、学校、地域、家庭等における教育活動、広報活動等を通じて普及啓発を図るように努めなければならない。

（動物愛護週間）

第４条　ひろく国民の間に命あるものである動物の愛護と適正な飼養についての関心と理解を深めるようにするため、動物愛護週間を設ける。

２　動物愛護週間は、９月20日から同月26日までとする。

３　国及び地方公共団体は、動物愛護週間には、その趣旨にふさわしい行事が実施されるように努めなければならない。

第２章　基本指針等

（基本指針）

第５条　環境大臣は、動物の愛護及び管理に関する施策を総合的に推進するための基本的な指針（以下「基本指針」という。）を定めなければならない。
2　基本指針には、次の事項を定めるものとする。
一　動物の愛護及び管理に関する施策の推進に関する基本的な方向
二　次条第１項に規定する動物愛護管理推進計画の策定に関する基本的な事項
三　その他動物の愛護及び管理に関する施策の推進に関する重要事項
3　環境大臣は、基本指針を定め、又はこれを変更しようとするときは、あらかじめ、関係行政機関の長に協議しなければならない。
4　環境大臣は、基本指針を定め、又はこれを変更したときは、遅滞なく、これを公表しなければならない。

(動物愛護管理推進計画)

第６条　都道府県は、基本指針に即して、当該都道府県の区域における動物の愛護及び管理に関する施策を推進するための計画（以下「動物愛護管理推進計画」という。）を定めなければならない。
2　動物愛護管理推進計画には、次の事項を定めるものとする。
一　動物の愛護及び管理に関し実施すべき施策に関する基本的な方針
二　動物の適正な飼養及び保管を図るための施策に関する事項
三　災害時における動物の適正な飼養及び保管を図るための施策に関する事項
四　動物の愛護及び管理に関する施策を実施するために必要な体制の整備（国、関係地方公共団体、民間団体等との連携の確保を含む。）に関する事項
3　動物愛護管理推進計画には、前項各号に掲げる事項のほか、動物の愛護及び管理に関する普及啓発に関する事項その他動物の愛護及び管理に関する施策を推進するために必要な事項を定めるように努めるものとする。
4　都道府県は、動物愛護管理推進計画を定め、又はこれを変更しようとするときは、あらかじめ、関係市町村の意見を聴かなければならない。
5　都道府県は、動物愛護管理推進計画を定め、又はこれを変更したときは、遅滞なく、これを公表するように努めなければならない。

第３章　動物の適正な取扱い

第１節　総則

(動物の所有者又は占有者の責務等)

第７条　動物の所有者又は占有者は、命あるものである動物の所有者又は占有者として動物の愛護及び管理に関する責任を十分に自覚して、その動物をその種類、習性等に応じて適正に飼養し、又は保管することにより、動物の健康及び安全を保持するように努めるとともに、動物が人の生命、身体若しくは財産に害を加

え、生活環境の保全上の支障を生じさせ、又は人に迷惑を及ぼすことのないように努めなければならない。この場合において、その飼養し、又は保管する動物について第七項の基準が定められたときは、動物の飼養及び保管については、当該基準によるものとする。

2　動物の所有者又は占有者は、その所有し、又は占有する動物に起因する感染性の疾病について正しい知識を持ち、その予防のために必要な注意を払うように努めなければならない。

3　動物の所有者又は占有者は、その所有し、又は占有する動物の逸走を防止するために必要な措置を講ずるよう努めなければならない。

4　動物の所有者は、その所有する動物の飼養又は保管の目的等を達する上で支障を及ぼさない範囲で、できる限り、当該動物がその命を終えるまで適切に飼養すること（以下「終生飼養」という。）に努めなければならない。

5　動物の所有者は、その所有する動物がみだりに繁殖して適正に飼養することが困難とならないよう、繁殖に関する適切な措置を講ずるよう努めなければならない。

6　動物の所有者は、その所有する動物が自己の所有に係るものであることを明らかにするための措置として環境大臣が定めるものを講ずるように努めなければならない。

7　環境大臣は、関係行政機関の長と協議して、動物の飼養及び保管に関しよるべき基準を定めることができる。

(動物販売業者の責務)

第8条　動物の販売を業として行う者は、当該販売に係る動物の購入者に対し、当該動物の種類、習性、供用の目的等に応じて、その適正な飼養又は保管の方法について、必要な説明をしなければならない。

2　動物の販売を業として行う者は、購入者の購入しようとする動物の飼養及び保管に係る知識及び経験に照らして、当該購入者に理解されるために必要な方法及び程度により、前項の説明を行うよう努めなければならない。

(地方公共団体の措置)

第9条　地方公共団体は、動物の健康及び安全を保持するとともに、動物が人に迷惑を及ぼすことのないようにするため、条例で定めるところにより、動物の飼養及び保管について動物の所有者又は占有者に対する指導をすること、多数の動物の飼養及び保管に係る届出をさせることその他の必要な措置を講ずることができる。

第2節　第一種動物取扱業者

（第一種動物取扱業の登録）

第10条　動物（哺乳類、鳥類又は爬虫類に属するものに限り、畜産農業に係るもの及び試験研究用又は生物学的製剤の製造の用その他政令で定める用途に供するために飼養し、又は保管しているものを除く。以下この節から第四節までにおいて同じ。）の取扱業（動物の販売（その取次ぎ又は代理を含む。次項及び第21条の4において同じ。）、保管、貸出し、訓練、展示（動物との触れ合いの機会の提供を含む。第22条の5を除き、以下同じ。）その他政令で定める取扱いを業として行うことをいう。以下この節、第37条の2第2項第1号及び第46条第1号において「第一種動物取扱業」という。）を営もうとする者は、当該業を営もうとする事業所の所在地を管轄する都道府県知事（地方自治法（昭和22年法律第67号）第252条の19第1項の指定都市（以下「指定都市」という。）にあつては、その長とする。以下この節から第5節まで（第25条第7項を除く。）において同じ。）の登録を受けなければならない。

2　前項の登録を受けようとする者は、次に掲げる事項を記載した申請書に環境省令で定める書類を添えて、これを都道府県知事に提出しなければならない。

一　氏名又は名称及び住所並びに法人にあつては代表者の氏名

二　事業所の名称及び所在地

三　事業所ごとに置かれる動物取扱責任者（第22条第1項に規定する者をいう。）の氏名

四　その営もうとする第一種動物取扱業の種別（販売、保管、貸出し、訓練、展示又は前項の政令で定める取扱いの別をいう。以下この号において同じ。）並びにその種別に応じた業務の内容及び実施の方法

五　主として取り扱う動物の種類及び数

六　動物の飼養又は保管のための施設（以下この節から第4節までにおいて「飼養施設」という。）を設置しているときは、次に掲げる事項

イ　飼養施設の所在地

ロ　飼養施設の構造及び規模

ハ　飼養施設の管理の方法

七　その他環境省令で定める事項

3　第1項の登録の申請をする者は、犬猫等販売業（犬猫等（犬又は猫その他環境省令で定める動物をいう。以下同じ。）の販売を業として行うことをいう。以下同じ。）を営もうとする場合には、前項各号に掲げる事項のほか、同項の申請書に次に掲げる事項を併せて記載しなければならない。

一　販売の用に供する犬猫等の繁殖を行うかどうかの別

二　販売の用に供する幼齢の犬猫等（繁殖を併せて行う場合にあつては、幼齢の

犬猫等及び繁殖の用に供し、又は供する目的で飼養する犬猫等。第12条第１項において同じ。）の健康及び安全を保持するための体制の整備、販売の用に供することが困難となつた犬猫等の取扱いその他環境省令で定める事項に関する計画（以下「犬猫等健康安全計画」という。）

（登録の実施）

第11条　都道府県知事は、前条第２項の規定による登録の申請があつたときは、次条第１項の規定により登録を拒否する場合を除くほか、前条第２項第１号から第３号まで及び第５号に掲げる事項並びに登録年月日及び登録番号を第一種動物取扱業者登録簿に登録しなければならない。

２　都道府県知事は、前項の規定による登録をしたときは、遅滞なく、その旨を申請者に通知しなければならない。

（登録の拒否）

第12条　都道府県知事は、第10条第１項の登録を受けようとする者が次の各号のいずれかに該当するとき、同条第２項の規定による登録の申請に係る同項第４号に掲げる事項が動物の健康及び安全の保持その他動物の適正な取扱いを確保するため必要なものとして環境省令で定める基準に適合していないと認めるとき、同項の規定による登録の申請に係る同項第６号ロ及びハに掲げる事項が環境省令で定める飼養施設の構造、規模及び管理に関する基準に適合していないと認めるとき、若しくは犬猫等販売業を営もうとする場合にあつては、犬猫等健康安全計画が幼齢の犬猫等の健康及び安全の確保並びに犬猫等の終生飼養の確保を図るため適切なものとして環境省令で定める基準に適合していないと認めるとき、又は申請書若しくは添付書類のうちに重要な事項について虚偽の記載があり、若しくは重要な事実の記載が欠けているときは、その登録を拒否しなければならない。

一　心身の故障によりその業務を適正に行うことができない者として環境省令で定める者

二　破産手続開始の決定を受けて復権を得ない者

三　第19条第１項の規定により登録を取り消され、その処分のあつた日から５年を経過しない者

四　第10条第１項の登録を受けた者（以下「第一種動物取扱業者」という。）で法人であるものが第19条第１項の規定により登録を取り消された場合において、その処分のあつた日前30日以内にその第一種動物取扱業者の役員であつた者でその処分のあつた日から５年を経過しないもの

五　第19条第１項の規定により業務の停止を命ぜられ、その停止の期間が経過しない者

五の二　禁錮以上の刑に処せられ、その執行を終わり、又は執行を受けることが

なくなつた日から５年を経過しない者

六　この法律の規定、化製場等に関する法律（昭和23年法律第140号）第10条第２号（同法第９条第５項において準用する同法第７条に係る部分に限る。）若しくは第３号の規定、外国為替及び外国貿易法（昭和24年法律第228号）第69条の７第１項第４号（動物に係るものに限る。以下この号において同じ。）若しくは第５号（動物に係るものに限る。以下この号において同じ。）、第70条第１項第36号（同法第48条第３項又は第52条の規定に基づく命令の規定による承認（動物の輸出又は輸入に係るものに限る。）に係る部分に限る。以下この号において同じ。）若しくは第72条第１項第３号（同法第69条の７第１項第４号及び第５号に係る部分に限る。）若しくは第５号（同法第70条第１項第36号に係る部分に限る。）の規定、狂犬病予防法（昭和25年法律第247号）第27条第１号若しくは第２号の規定、絶滅のおそれのある野生動植物の種の保存に関する法律（平成４年法律第75号）の規定、鳥獣の保護及び管理並びに狩猟の適正化に関する法律（平成14年法律第88号）の規定又は特定外来生物による生態系等に係る被害の防止に関する法律（平成16年法律第78号）の規定により罰金以上の刑に処せられ、その執行を終わり、又は執行を受けることがなくなつた日から５年を経過しない者

七　暴力団員による不当な行為の防止等に関する法律（平成３年法律第77号）第２条第６号に規定する暴力団員又は同号に規定する暴力団員でなくなつた日から５年を経過しない者

七の二　第一種動物取扱業に関し不正又は不誠実な行為をするおそれがあると認めるに足りる相当の理由がある者として環境省令で定める者

八　法人であつて、その役員又は環境省令で定める使用人のうちに前各号のいずれかに該当する者があるもの

九　個人であつて、その環境省令で定める使用人のうちに第１号から第７号の２までのいずれかに該当する者があるもの

２　都道府県知事は、前項の規定により登録を拒否したときは、遅滞なく、その理由を示して、その旨を申請者に通知しなければならない。

(登録の更新)

第13条　第10条第１項の登録は、５年ごとにその更新を受けなければ、その期間の経過によつて、その効力を失う。

２　第10条第２項及び第３項並びに前２条の規定は、前項の更新について準用する。

３　第１項の更新の申請があつた場合において、同項の期間（以下この条において「登録の有効期間」という。）の満了の日までにその申請に対する処分がされない

ときは、従前の登録は、登録の有効期間の満了後もその処分がされるまでの間は、なおその効力を有する。

4　前項の場合において、登録の更新がされたときは、その登録の有効期間は、従前の登録の有効期間の満了の日の翌日から起算するものとする。

(変更の届出)

第14条　第一種動物取扱業者は、第10条第２項第４号若しくは第３項第１号に掲げる事項の変更（環境省令で定める軽微なものを除く。）をし、飼養施設を設置しようとし、又は犬猫等販売業を営もうとする場合には、あらかじめ、環境省令で定めるところにより、都道府県知事に届け出なければならない。

2　第一種動物取扱業者は、前項の環境省令で定める軽微な変更があつた場合又は第10条第２項各号（第４号を除く。）若しくは第３項第２号に掲げる事項に変更（環境省令で定める軽微なものを除く。）があつた場合には、前項の場合を除き、その日から30日以内に、環境省令で定める書類を添えて、その旨を都道府県知事に届け出なければならない。

3　第10条第１項の登録を受けて犬猫等販売業を営む者（以下「犬猫等販売業者」という。）は、犬猫等販売業を営むことをやめた場合には、第16条第１項に規定する場合を除き、その日から30日以内に、環境省令で定める書類を添えて、その旨を都道府県知事に届け出なければならない。

4　第11条及び第12条の規定は、前３項の規定による届出があつた場合に準用する。

(第一種動物取扱業者登録簿の閲覧)

第15条　都道府県知事は、第一種動物取扱業者登録簿を一般の閲覧に供しなければならない。

(廃業等の届出)

第16条　第一種動物取扱業者が次の各号のいずれかに該当することとなつた場合においては、当該各号に定める者は、その日から30日以内に、その旨を都道府県知事に届け出なければならない。

一　死亡した場合その相続人

二　法人が合併により消滅した場合その法人を代表する役員であつた者

三　法人が破産手続開始の決定により解散した場合その破産管財人

四　法人が合併及び破産手続開始の決定以外の理由により解散した場合その清算人

五　その登録に係る第一種動物取扱業を廃止した場合第一種動物取扱業者であつた個人又は第一種動物取扱業者であつた法人を代表する役員

2　第一種動物取扱業者が前項各号のいずれかに該当するに至つたときは、第一種動物取扱業者の登録は、その効力を失う。

(登録の抹消)

第17条　都道府県知事は、第13条第１項若しくは前条第２項の規定により登録がその効力を失つたとき、又は第19条第１項の規定により登録を取り消したときは、当該第一種動物取扱業者の登録を抹消しなければならない。

(標識の掲示)

第18条　第一種動物取扱業者は、環境省令で定めるところにより、その事業所ごとに、公衆の見やすい場所に、氏名又は名称、登録番号その他の環境省令で定める事項を記載した標識を掲げなければならない。

(登録の取消し等)

第19条　都道府県知事は、第一種動物取扱業者が次の各号のいずれかに該当するときは、その登録を取り消し、又は６月以内の期間を定めてその業務の全部若しくは一部の停止を命ずることができる。

一　不正の手段により第一種動物取扱業者の登録を受けたとき。

二　その者が行う業務の内容及び実施の方法が第12条第１項に規定する動物の健康及び安全の保持その他動物の適正な取扱いを確保するため必要なものとして環境省令で定める基準に適合しなくなつたとき。

三　飼養施設を設置している場合において、その者の飼養施設の構造、規模及び管理の方法が第12条第１項に規定する飼養施設の構造、規模及び管理に関する基準に適合しなくなつたとき。

四　犬猫等販売業を営んでいる場合において、犬猫等健康安全計画が第12条第１項に規定する幼齢の犬猫等の健康及び安全の確保並びに犬猫等の終生飼養の確保を図るため適切なものとして環境省令で定める基準に適合しなくなつたとき。

五　第12条第１項第１号、第２号、第４号又は第５号の２から第９号までのいずれかに該当することとなつたとき。

六　この法律若しくはこの法律に基づく命令又はこの法律に基づく処分に違反したとき。

2　第12条第２項の規定は、前項の規定による処分をした場合に準用する。

(環境省令への委任)

第20条　第10条から前条までに定めるもののほか、第一種動物取扱業者の登録に関し必要な事項については、環境省令で定める。

(基準遵守義務)

第21条　第一種動物取扱業者は、動物の健康及び安全を保持するとともに、生活環境の保全上の支障が生ずることを防止するため、その取り扱う動物の管理の方法等に関し環境省令で定める基準を遵守しなければならない。

2　前項の基準は、動物の愛護及び適正な飼養の観点を踏まえつつ、動物の種類、習性、出生後経過した期間等を考慮して、次に掲げる事項について定めるものとする。

一　飼養施設の管理、飼養施設に備える設備の構造及び規模並びに当該設備の管理に関する事項

二　動物の飼養又は保管に従事する従業者の員数に関する事項

三　動物の飼養又は保管をする環境の管理に関する事項

四　動物の疾病等に係る措置に関する事項

五　動物の展示又は輸送の方法に関する事項

六　動物を繁殖の用に供することができる回数、繁殖の用に供することができる動物の選定その他の動物の繁殖の方法に関する事項

七　その他動物の愛護及び適正な飼養に関し必要な事項

3　犬猫等販売業者に係る第1項の基準は、できる限り具体的なものでなければならない。

4　都道府県又は指定都市は、動物の健康及び安全を保持するとともに、生活環境の保全上の支障が生ずることを防止するため、その自然的、社会的条件から判断して必要があると認めるときは、条例で、第1項の基準に代えて第一種動物取扱業者が遵守すべき基準を定めることができる。

(感染性の疾病の予防)

第21条の2　第一種動物取扱業者は、その取り扱う動物の健康状態を日常的に確認すること、必要に応じて獣医師による診療を受けさせることその他のその取り扱う動物の感染性の疾病の予防のために必要な措置を適切に実施するよう努めなければならない。

(動物を取り扱うことが困難になつた場合の譲渡し等)

第21条の3　第一種動物取扱業者は、第一種動物取扱業を廃止する場合その他の業として動物を取り扱うことが困難になつた場合には、当該動物の譲渡しその他の適切な措置を講ずるよう努めなければならない。

(販売に際しての情報提供の方法等)

第21条の4　第一種動物取扱業者のうち犬、猫その他の環境省令で定める動物の販売を業として営む者は、当該動物を販売する場合には、あらかじめ、当該動物を購入しようとする者（第一種動物取扱業者を除く。）に対し、その事業所において、当該販売に係る動物の現在の状態を直接見せるとともに、対面（対面によることが困難な場合として環境省令で定める場合には、対面に相当する方法として環境省令で定めるものを含む。）により書面又は電磁的記録（電子的方式、磁気

的方式その他人の知覚によつては認識することができない方式で作られる記録であつて、電子計算機による情報処理の用に供されるものをいう。）を用いて当該動物の飼養又は保管の方法、生年月日、当該動物に係る繁殖を行つた者の氏名その他の適正な飼養又は保管のために必要な情報として環境省令で定めるものを提供しなければならない。

（動物に関する帳簿の備付け等）

第21条の5　第一種動物取扱業者のうち動物の販売、貸出し、展示その他政令で定める取扱いを業として営む者（次項において「動物販売業者等」という。）は、環境省令で定めるところにより、帳簿を備え、その所有し、又は占有する動物について、その所有し、若しくは占有した日、その販売若しくは引渡しをした日又は死亡した日その他の環境省令で定める事項を記載し、これを保存しなければならない。

2　動物販売業者等は、環境省令で定めるところにより、環境省令で定める期間ごとに、次に掲げる事項を都道府県知事に届け出なければならない。

一　当該期間が開始した日に所有し、又は占有していた動物の種類ごとの数

二　当該期間中に新たに所有し、又は占有した動物の種類ごとの数

三　当該期間中に販売若しくは引渡し又は死亡の事実が生じた動物の当該事実の区分ごと及び種類ごとの数

四　当該期間が終了した日に所有し、又は占有していた動物の種類ごとの数

五　その他環境省令で定める事項

（動物取扱責任者）

第22条　第一種動物取扱業者は、事業所ごとに、環境省令で定めるところにより、当該事業所に係る業務を適正に実施するため、十分な技術的能力及び専門的な知識経験を有する者のうちから、動物取扱責任者を選任しなければならない。

2　動物取扱責任者は、第12条第１項第１号から第７号の２までに該当する者以外の者でなければならない。

3　第一種動物取扱業者は、環境省令で定めるところにより、動物取扱責任者に動物取扱責任者研修（都道府県知事が行う動物取扱責任者の業務に必要な知識及び能力に関する研修をいう。次項において同じ。）を受けさせなければならない。

4　都道府県知事は、動物取扱責任者研修の全部又は一部について、適当と認める者に、その実施を委託することができる。

（犬猫等健康安全計画の遵守）

第22条の2　犬猫等販売業者は、犬猫等健康安全計画の定めるところに従い、その業務を行わなければならない。

（獣医師等との連携の確保）

第22条の３　犬猫等販売業者は、その飼養又は保管をする犬猫等の健康及び安全を確保するため、獣医師等との適切な連携の確保を図らなければならない。

（終生飼養の確保）

第22条の４　犬猫等販売業者は、やむを得ない場合を除き、販売の用に供することが困難となつた犬猫等についても、引き続き、当該犬猫等の終生飼養の確保を図らなければならない。

（幼齢の犬又は猫に係る販売等の制限）

第22条の５　犬猫等販売業者（販売の用に供する犬又は猫の繁殖を行う者に限る。）は、その繁殖を行つた犬又は猫であつて出生後56日を経過しないものについて、販売のため又は販売の用に供するために引渡し又は展示をしてはならない。

（犬猫等の検案）

第22条の６　都道府県知事は、犬猫等販売業者の所有する犬猫等に係る死亡の事実の発生の状況に照らして必要があると認めるときは、環境省令で定めるところにより、犬猫等販売業者に対して、期間を指定して、当該指定期間内にその所有する犬猫等に係る死亡の事実が発生した場合には獣医師による診療中に死亡したときを除き獣医師による検案を受け、当該指定期間が満了した日から30日以内に当該指定期間内に死亡の事実が発生した全ての犬猫等の検案書又は死亡診断書を提出すべきことを命ずることができる。

（勧告及び命令）

第23条　都道府県知事は、第一種動物取扱業者が第21条第１項又は第４項の基準を遵守していないと認めるときは、その者に対し、期限を定めて、その取り扱う動物の管理の方法等を改善すべきことを勧告することができる。

２　都道府県知事は、第一種動物取扱業者が第21条の４若しくは第22条第３項の規定を遵守していないと認めるとき、又は犬猫等販売業者が第22条の５の規定を遵守していないと認めるときは、その者に対し、期限を定めて、必要な措置をとるべきことを勧告することができる。

３　都道府県知事は、前２項の規定による勧告を受けた者が前２項の期限内にこれに従わなかつたときは、その旨を公表することができる。

４　都道府県知事は、第１項又は第２項の規定による勧告を受けた者が正当な理由がなくてその勧告に係る措置をとらなかつたときは、その者に対し、期限を定めて、その勧告に係る措置をとるべきことを命ずることができる。

５　第１項、第２項及び前項の期限は、３月以内とする。ただし、特別の事情がある場合は、この限りでない。

（報告及び検査）

第24条　都道府県知事は、第10条から第19条まで及び第21条から前条までの規定の施行に必要な限度において、第一種動物取扱業者に対し、飼養施設の状況、その取り扱う動物の管理の方法その他必要な事項に関し報告を求め、又はその職員に、当該第一種動物取扱業者の事業所その他関係のある場所に立ち入り、飼養施設その他の物件を検査させることができる。

2　前項の規定により立入検査をする職員は、その身分を示す証明書を携帯し、関係人に提示しなければならない。

3　第１項の規定による立入検査の権限は、犯罪捜査のために認められたものと解釈してはならない。

(第一種動物取扱業者であつた者に対する勧告等)

第24条の２　都道府県知事は、第一種動物取扱業者について、第13条第１項若しくは第16条第２項の規定により登録がその効力を失つたとき又は第19条第１項の規定により登録を取り消したときは、その者に対し、これらの事由が生じた日から２年間は、期限を定めて、動物の不適正な飼養又は保管により動物の健康及び安全が害されること並びに周辺の生活環境の保全上の支障が生ずることを防止するため必要な勧告をすることができる。

2　都道府県知事は、前項の規定による勧告を受けた者が正当な理由がなくてその勧告に係る措置をとらなかつたときは、その者に対し、期限を定めて、その勧告に係る措置をとるべきことを命ずることができる。

3　都道府県知事は、前２項の規定の施行に必要な限度において、第13条第１項若しくは第16条第２項の規定によりその登録が効力を失い、又は第19条第１項の規定により登録を取り消された者に対し、飼養施設の状況、その飼養若しくは保管をする動物の管理の方法その他必要な事項に関し報告を求め、又はその職員に、当該者の飼養施設を設置する場所その他関係のある場所に立ち入り、飼養施設その他の物件を検査させることができる。

4　前条第２項及び第３項の規定は、前項の規定による立入検査について準用する。

第３節　第二種動物取扱業者

(第二種動物取扱業の届出)

第24条の２の２　飼養施設（環境省令で定めるものに限る。以下この節において同じ。）を設置して動物の取扱業（動物の譲渡し、保管、貸出し、訓練、展示その他第10条第１項の政令で定める取扱いに類する取扱いとして環境省令で定めるもの（以下この条において「その他の取扱い」という。）を業として行うことをいう。以下この条及び第37条の２第２項第１号において「第二種動物取扱業」という。）を行おうとする者（第10条第１項の登録を受けるべき者及びその取り扱おうとする動物の数が環境省令で定める数に満たない者を除く。）は、第35条の規定に基づき同条第１項に規定する都道府県等が犬又は猫の取扱いを行う場合その他環境省令で定める場合を除き、飼養施設を設置する場所ごとに、環境省令で定めるところにより、環境省令で定める書類を添えて、次の事項を都道府県知事に届け出なければならない。

一　氏名又は名称及び住所並びに法人にあつては代表者の氏名

二　飼養施設の所在地

三　その行おうとする第二種動物取扱業の種別（譲渡し、保管、貸出し、訓練、展示又はその他の取扱いの別をいう。以下この号において同じ。）並びにその種別に応じた事業の内容及び実施の方法

四　主として取り扱う動物の種類及び数

五　飼養施設の構造及び規模

六　飼養施設の管理の方法

七　その他環境省令で定める事項

（変更の届出）

第24条の３　前条の規定による届出をした者（以下「第二種動物取扱業者」という。）は、同条第３号から第７号までに掲げる事項の変更をしようとするときは、環境省令で定めるところにより、その旨を都道府県知事に届け出なければならない。ただし、その変更が環境省令で定める軽微なものであるときは、この限りでない。

２　第二種動物取扱業者は、前条第１号若しくは第２号に掲げる事項に変更があつたとき、又は届出に係る飼養施設の使用を廃止したときは、その日から30日以内に、その旨を都道府県知事に届け出なければならない。

（準用規定）

第24条の４　第16条第１項（第５号に係る部分を除く。）、第20条、第21条（第３項を除く。）、第23条（第２項を除く。）及び第24条の規定は、第二種動物取扱業者について準用する。この場合において、第20条中「第10条から前条まで」とあるのは「第24条の２の２、第24条の３及び第24条の４第１項において準用する第16条第１項（第５号に係る部分を除く。）」と、「登録」とあるのは「届出」と、第23条第１項中「第21条第１項又は第４項」とあるのは「第24条の４第１項において準用する第21条第１項又は第４項」と、同条第３項中「前２項」とあるのは「第１項」と、同条第４項中「第１項又は第２項」とあるのは「第１項」と、同条第５項中「第１項、第２項及び前項」とあるのは「第１項及び前項」と、第24条第１項中「第10条から第19条まで及び第21条から前条まで」とあるのは「第24条の２の２、第24条の３並びに第24条の４第１項において準用する第16条第１項

（第5号に係る部分を除く。）、第21条（第3項を除く。）及び第23条（第2項を除く。）」と、「事業所」とあるのは「飼養施設を設置する場所」と読み替えるものとするほか、必要な技術的読替えは、政令で定める。

2　前項に規定するもののほか、犬猫等の譲渡しを業として行う第二種動物取扱業者については、第21条の5第1項の規定を準用する。この場合において、同項中「所有し、又は占有する」とあるのは「所有する」と、「所有し、若しくは占有した」とあるのは「所有した」と、「販売若しくは引渡し」とあるのは「譲渡し」と読み替えるものとする。

第4節　周辺の生活環境の保全等に係る措置

第25条　都道府県知事は、動物の飼養、保管又は給餌若しくは給水に起因した騒音又は悪臭の発生、動物の毛の飛散、多数の昆虫の発生等によつて周辺の生活環境が損なわれている事態として環境省令で定める事態が生じていると認めるときは、当該事態を生じさせている者に対し、必要な指導又は助言をすることができる。

2　都道府県知事は、前項の環境省令で定める事態が生じていると認めるときは、当該事態を生じさせている者に対し、期限を定めて、その事態を除去するために必要な措置をとるべきことを勧告することができる。

3　都道府県知事は、前項の規定による勧告を受けた者がその勧告に係る措置をとらなかつた場合において、特に必要があると認めるときは、その者に対し、期限を定めて、その勧告に係る措置をとるべきことを命ずることができる。

4　都道府県知事は、動物の飼養又は保管が適正でないことに起因して動物が衰弱する等の虐待を受けるおそれがある事態として環境省令で定める事態が生じていると認めるときは、当該事態を生じさせている者に対し、期限を定めて、当該事態を改善するために必要な措置をとるべきことを命じ、又は勧告することができる。

5　都道府県知事は、前3項の規定の施行に必要な限度において、動物の飼養又は保管をしている者に対し、飼養若しくは保管の状況その他必要な事項に関し報告を求め、又はその職員に、当該動物の飼養若しくは保管をしている者の動物の飼養若しくは保管に関係のある場所に立ち入り、飼養施設その他の物件を検査させることができる。

6　第24条第2項及び第3項の規定は、前項の規定による立入検査について準用する。

7　都道府県知事は、市町村（特別区を含む。）の長（指定都市の長を除く。）に対し、第2項から第5項までの規定による勧告、命令、報告の徴収又は立入検査に関し、必要な協力を求めることができる。

第５節　動物による人の生命等に対する侵害を防止するための措置

(特定動物の飼養及び保管の禁止)

第25条の２　人の生命、身体又は財産に害を加えるおそれがある動物として政令で定める動物（その動物が交雑することにより生じた動物を含む。以下「特定動物」という。）は、飼養又は保管をしてはならない。ただし、次条第一項の許可（第28条第１項の規定による変更の許可があつたときは、その変更後のもの）を受けてその許可に係る飼養又は保管をする場合、診療施設（獣医療法（平成４年法律第46号）第２条第２項に規定する診療施設をいう。）において獣医師が診療のために特定動物の飼養又は保管をする場合その他の環境省令で定める場合は、この限りでない。

(特定動物の飼養又は保管の許可)

第26条　動物園その他これに類する施設における展示その他の環境省令で定める目的で特定動物の飼養又は保管を行おうとする者は、環境省令で定めるところにより、特定動物の種類ごとに、特定動物の飼養又は保管のための施設（以下この節において「特定飼養施設」という。）の所在地を管轄する都道府県知事の許可を受けなければならない。

２　前項の許可を受けようとする者は、環境省令で定めるところにより、次に掲げる事項を記載した申請書に環境省令で定める書類を添えて、これを都道府県知事に提出しなければならない。

一　氏名又は名称及び住所並びに法人にあつては代表者の氏名

二　特定動物の種類及び数

三　飼養又は保管の目的

四　特定飼養施設の所在地

五　特定飼養施設の構造及び規模

六　特定動物の飼養又は保管の方法

七　特定動物の飼養又は保管が困難になつた場合における措置に関する事項

八　その他環境省令で定める事項

(許可の基準)

第27条　都道府県知事は、前条第１項の許可の申請が次の各号に適合していると認めるときでなければ、同項の許可をしてはならない。

一　飼養又は保管の目的が前条第１項に規定する目的に適合するものであること。

二　その申請に係る前条第２項第５号から第７号までに掲げる事項が、特定動物の性質に応じて環境省令で定める特定飼養施設の構造及び規模、特定動物の飼養又は保管の方法並びに特定動物の飼養又は保管が困難になつた場合における措置に関する基準に適合するものであること。

三　申請者が次のいずれにも該当しないこと。

イ　この法律又はこの法律に基づく処分に違反して罰金以上の刑に処せられ、その執行を終わり、又は執行を受けることがなくなつた日から２年を経過しない者

ロ　第29条の規定により許可を取り消され、その処分のあつた日から２年を経過しない者

ハ　法人であつて、その役員のうちにイ又はロのいずれかに該当する者があるもの

2　都道府県知事は、前条第１項の許可をする場合において、特定動物による人の生命、身体又は財産に対する侵害の防止のため必要があると認めるときは、その必要の限度において、その許可に条件を付することができる。

(変更の許可等)

第28条　第26条第１項の許可（この項の規定による許可を含む。）を受けた者（以下「特定動物飼養者」という。）は、同条第２項第２号から第７号までに掲げる事項を変更しようとするときは、環境省令で定めるところにより都道府県知事の許可を受けなければならない。ただし、その変更が環境省令で定める軽微なものであるときは、この限りでない。

2　前条の規定は、前項の許可について準用する。

3　特定動物飼養者は、第１項ただし書の環境省令で定める軽微な変更があつたとき、又は第26条第２項第１号に掲げる事項その他環境省令で定める事項に変更があつたときは、その日から30日以内に、その旨を都道府県知事に届け出なければならない。

(許可の取消し)

第29条　都道府県知事は、特定動物飼養者が次の各号のいずれかに該当するときは、その許可を取り消すことができる。

一　不正の手段により特定動物飼養者の許可を受けたとき。

一の二　飼養又は保管の目的が第26条第１項に規定する目的に適合するものでなくなつたとき。

二　その者の特定飼養施設の構造及び規模並びに特定動物の飼養又は保管の方法が第27条第１項第２号に規定する基準に適合しなくなつたとき。

三　第27条第１項第３号ハに該当することとなつたとき。

四　この法律若しくはこの法律に基づく命令又はこの法律に基づく処分に違反し

たとき。

（環境省令への委任）

第30条　第26条から前条までに定めるもののほか、特定動物の飼養又は保管の許可に関し必要な事項については、環境省令で定める。

（飼養又は保管の方法）

第31条　特定動物飼養者は、その許可に係る飼養又は保管をするには、当該特定動物に係る特定飼養施設の点検を定期的に行うこと、当該特定動物についてその許可を受けていることを明らかにすることその他の環境省令で定める方法によらなければならない。

（特定動物飼養者に対する措置命令等）

第32条　都道府県知事は、特定動物飼養者が前条の規定に違反し、又は第27条第２項（第28条第２項において準用する場合を含む。）の規定により付された条件に違反した場合において、特定動物による人の生命、身体又は財産に対する侵害の防止のため必要があると認めるときは、当該特定動物に係る飼養又は保管の方法の改善その他の必要な措置をとるべきことを命ずることができる。

（報告及び検査）

第33条　都道府県知事は、第26条から第29条まで及び前２条の規定の施行に必要な限度において、特定動物飼養者に対し、特定飼養施設の状況、特定動物の飼養又は保管の方法その他必要な事項に関し報告を求め、又はその職員に、当該特定動物飼養者の特定飼養施設を設置する場所その他関係のある場所に立ち入り、特定飼養施設その他の物件を検査させることができる。

2　第24条第２項及び第３項の規定は、前項の規定による立入検査について準用する。

第34条　削除

第４章　都道府県等の措置等

（犬及び猫の引取り）

第35条　都道府県等（都道府県及び指定都市、地方自治法第252条の22第１項の中核市（以下「中核市」という。）その他政令で定める市（特別区を含む。以下同じ。）をいう。以下同じ。）は、犬又は猫の引取りをその所有者から求められたときは、これを引き取らなければならない。ただし、犬猫等販売業者から引取りを求められた場合その他の第７条第４項の規定の趣旨に照らして引取りを求める相当の事由がないと認められる場合として環境省令で定める場合には、その引取りを拒否することができる。

2　前項本文の規定により都道府県等が犬又は猫を引き取る場合には、都道府県知事等（都道府県等の長をいう。以下同じ。）は、その犬又は猫を引き取るべき場所を指定することができる。

3　前２項の規定は、都道府県等が所有者の判明しない犬又は猫の引取りをその拾得者その他の者から求められた場合に準用する。この場合において、第１項ただし書中「犬猫等販売業者から引取りを求められた場合その他の第７条第４項の規定の趣旨に照らして」とあるのは、「周辺の生活環境が損なわれる事態が生ずるおそれがないと認められる場合その他の」と読み替えるものとする。

4　都道府県知事等は、第１項本文（前項において準用する場合を含む。次項、第７項及び第８項において同じ。）の規定により引取りを行つた犬又は猫について、殺処分がなくなることを目指して、所有者がいると推測されるものについてはその所有者を発見し、当該所有者に返還するよう努めるとともに、所有者がいないと推測されるもの、所有者から引取りを求められたもの又は所有者の発見ができないものについてはその飼養を希望する者を募集し、当該希望する者に譲り渡すよう努めるものとする。

5　都道府県知事は、市町村（特別区を含む。）の長（指定都市、中核市及び第１項の政令で定める市の長を除く。）に対し、第１項本文の規定による犬又は猫の引取りに関し、必要な協力を求めることができる。

6　都道府県知事等は、動物の愛護を目的とする団体その他の者に犬及び猫の引取り又は譲渡しを委託することができる。

7　環境大臣は、関係行政機関の長と協議して、第１項本文の規定により引き取る場合の措置に関し必要な事項を定めることができる。

8　国は、都道府県等に対し、予算の範囲内において、政令で定めるところにより、第１項本文の引取りに関し、費用の一部を補助することができる。

（負傷動物等の発見者の通報措置）

第36条　道路、公園、広場その他の公共の場所において、疾病にかかり、若しくは負傷した犬、猫等の動物又は犬、猫等の動物の死体を発見した者は、速やかに、その所有者が判明しているときは所有者に、その所有者が判明しないときは都道府県知事等に通報するように努めなければならない。

2　都道府県等は、前項の規定による通報があつたときは、その動物又はその動物の死体を収容しなければならない。

3　前条第７項の規定は、前項の規定により動物を収容する場合に準用する。

（犬及び猫の繁殖制限）

第37条　犬又は猫の所有者は、これらの動物がみだりに繁殖してこれに適正な飼養を受ける機会を与えることが困難となるようなおそれがあると認める場合には、その繁殖を防止するため、生殖を不能にする手術その他の措置を講じなければならない。

2　都道府県等は、第35条第１項本文の規定による犬又は猫の引取り等に際して、前項に規定する措置が適切になされるよう、必要な指導及び助言を行うように努めなければならない。

第４章の２　動物愛護管理センター等

（動物愛護管理センター）

第37条の２　都道府県等は、動物の愛護及び管理に関する事務を所掌する部局又は当該都道府県等が設置する施設において、当該部局又は施設が動物愛護管理センターとしての機能を果たすようにするものとする。

2　動物愛護管理センターは、次に掲げる業務（中核市及び第35条第１項の政令で定める市にあつては、第４号から第６号までに掲げる業務に限る。）を行うものとする。

一　第一種動物取扱業の登録、第二種動物取扱業の届出並びに第一種動物取扱業及び第二種動物取扱業の監督に関すること。

二　動物の飼養又は保管をする者に対する指導、助言、勧告、命令、報告の徴収及び立入検査に関すること。

三　特定動物の飼養又は保管の許可及び監督に関すること。

四　犬及び猫の引取り、譲渡し等に関すること。

五　動物の愛護及び管理に関する広報その他の啓発活動を行うこと。

六　その他動物の愛護及び適正な飼養のために必要な業務を行うこと。

（動物愛護管理担当職員）

第37条の３　都道府県等は、条例で定めるところにより、動物の愛護及び管理に関する事務を行わせるため、動物愛護管理員等の職名を有する職員（次項及び第３項並びに第41条の４において「動物愛護管理担当職員」という。）を置く。

2　指定都市、中核市及び第35条第１項の政令で定める市以外の市町村（特別区を含む。）は、条例で定めるところにより、動物の愛護及び管理に関する事務を行わせるため、動物愛護管理担当職員を置くよう努めるものとする。

3　動物愛護管理担当職員は、その地方公共団体の職員であつて獣医師等動物の適正な飼養及び保管に関し専門的な知識を有するものをもつて充てる。

（動物愛護推進員）

第38条　都道府県知事等は、地域における犬、猫等の動物の愛護の推進に熱意と識見を有する者のうちから、動物愛護推進員を委嘱するよう努めるものとする。

2　動物愛護推進員は、次に掲げる活動を行う。

一　犬、猫等の動物の愛護と適正な飼養の重要性について住民の理解を深めること。

二　住民に対し、その求めに応じて、犬、猫等の動物がみだりに繁殖することを防止するための生殖を不能にする手術その他の措置に関する必要な助言をすること。

三　犬、猫等の動物の所有者等に対し、その求めに応じて、これらの動物に適正な飼養を受ける機会を与えるために譲渡のあつせんその他の必要な支援をすること。

四　犬、猫等の動物の愛護と適正な飼養の推進のために国又は都道府県等が行う施策に必要な協力をすること。

五　災害時において、国又は都道府県等が行う犬、猫等の動物の避難、保護等に関する施策に必要な協力をすること。

（協議会）

第39条　都道府県等、動物の愛護を目的とする一般社団法人又は一般財団法人、獣医師の団体その他の動物の愛護と適正な飼養について普及啓発を行つている団体等は、当該都道府県等における動物愛護推進員の委嘱の推進、動物愛護推進員の活動に対する支援等に関し必要な協議を行うための協議会を組織することができる。

第４章の３　犬及び猫の登録

（マイクロチップの装着）

第39条の２　犬猫等販売業者は、犬又は猫を取得したときは、環境省令で定めるところにより、当該犬又は猫を取得した日（生後90日以内の犬又は猫を取得した場合にあつては、生後90日を経過した日）から30日を経過する日（その日までに当該犬又は猫の譲渡しをする場合にあつては、その譲渡しの日）までに、当該犬又は猫にマイクロチップ（犬又は猫の所有者に関する情報及び犬又は猫の個体の識別のための情報の適正な管理及び伝達に必要な機器であつて識別番号（個々の機器を識別するために割り当てられる番号をいう。以下同じ。）が電磁的方法（電子的方法、磁気的方法その他の人の知覚によつて認識することができない方法をいう。）により記録されたもののうち、環境省令で定める基準に適合するものをいう。以下同じ。）を装着しなければならない。ただし、当該犬又は猫に既にマイクロチップが装着されているとき並びにマイクロチップを装着することにより当該犬又は猫の健康及び安全の保持上支障が生じるおそれがあるときその他の環境省令で定めるやむを得ない事由に該当するときは、この限りでない。

２　犬猫等販売業者以外の犬又は猫の所有者は、その所有する犬又は猫にマイクロチップを装着するよう努めなければならない。

(マイクロチップ装着証明書)

第39条の3　獣医師は、前条の規定により犬又は猫にマイクロチップを装着しようとする者の依頼を受けて当該犬又は猫にマイクロチップを装着した場合には、当該マイクロチップの識別番号その他環境省令で定める事項を記載した証明書（次項及び第39条の5第3項において「マイクロチップ装着証明書」という。）を当該犬又は猫の所有者に発行しなければならない。

2　マイクロチップ装着証明書の様式その他の必要な事項は、環境省令で定める。

(取外しの禁止)

第39条の4　何人も、犬又は猫の健康及び安全の保持上支障が生じるおそれがあるときその他の環境省令で定めるやむを得ない事由に該当するときを除き、当該犬又は猫に装着されているマイクロチップを取り外してはならない。

(登録等)

第39条の5　次の各号に掲げる者は、その所有する犬又は猫について、当該各号に定める日から30日を経過する日（その日までに当該犬又は猫の譲渡しをする場合にあつては、その譲渡しの日）までに、環境大臣の登録を受けなければならない。

一　第39条の2第1項又は第2項の規定によりその所有する犬又は猫にマイクロチップを装着した者当該マイクロチップを装着した日

二　マイクロチップが装着された犬又は猫であつて、この項の登録（以下この章において単に「登録」という。）を受けていないものを取得した犬猫等販売業者当該犬又は猫を取得した日

2　登録を受けようとする者は、環境省令で定めるところにより、次に掲げる事項を記載した申請書を環境大臣に提出しなければならない。

一　氏名及び住所（法人にあつては、その名称、代表者の氏名及び主たる事務所の所在地）並びに電話番号並びに登録を受けようとする犬又は猫の所在地

二　登録を受けようとする犬又は猫に装着されているマイクロチップの識別番号

三　前2号に掲げるもののほか、環境省令で定める事項

3　登録を受けようとする者（第1項第1号に掲げる者に限る。）は、前項の申請書に、マイクロチップ装着証明書を添付しなければならない。

4　環境大臣は、登録をしたときは、環境省令で定めるところにより、当該登録を受けた者に対し、その所有する犬又は猫に関する証明書（以下この章において「登録証明書」という。）を交付しなければならない。

5　登録証明書には、環境省令で定める様式に従い、登録を受けた犬又は猫に装着されているマイクロチップの識別番号その他の環境省令で定める事項を記載するものとする。

6　登録を受けた者は、登録証明書を亡失し、又は登録証明書が滅失したときは、環境省令で定めるところにより、環境大臣に申請をして、登録証明書の再交付を受けることができる。

7　環境大臣は、登録に係る事項を記録し、これを当該登録が行われた日から環境省令で定める期間保存しなければならない。

8　登録を受けた者は、第2項第1号に掲げる事項その他の環境省令で定める事項に変更を生じたときは、環境省令で定めるところにより、変更を生じた日から30日を経過する日までに、その旨を環境大臣に届け出なければならない。

9　登録を受けた犬又は猫の譲渡しは、当該犬又は猫に係る登録証明書とともにしなければならない。

(変更登録)

第39条の6　次に掲げる者は、環境省令で定めるところにより、犬又は猫を取得した日から30日を経過する日（その日までに当該犬又は猫の譲渡しをする場合にあつては、その譲渡しの日）までに変更登録を受けなければならない。

一　登録を受けた犬又は猫を取得した犬猫等販売業者

二　犬猫等販売業者以外の者であつて、登録を受けた犬又は猫を当該犬又は猫に係る登録証明書とともに譲り受けたもの

2　前条第4項から第9項までの規定は、前項の変更登録（以下この章において単に「変更登録」という。）について準用する。

(狂犬病予防法の特例)

第39条の7　環境大臣は、犬の所有者が当該犬を取得した日（生後90日以内の犬を取得した場合にあつては、生後90日を経過した日）から30日以内に登録又は変更登録を受けた場合において、当該犬の所在地を管轄する市町村長（特別区にあつては、区長。以下この条において同じ。）の求めがあるときは、環境省令で定めるところにより、当該市町村長に環境省令で定める事項を通知しなければならない。

2　前項の規定により市町村長が通知を受けた場合における狂犬病予防法第4条の規定の適用については、当該通知に係る犬の所有者が当該犬に係る登録又は変更登録を受けた日において、当該犬の所有者から同条第1項の規定による犬の登録の申請又は同条第5項の規定による届出があつたものとみなし、当該犬に装着されているマイクロチップは、同条第2項の規定により市町村長から交付された鑑札とみなす。

3　環境大臣は、犬の所有者から第39条の5第8項（第39条の6第2項において準用する場合を含む。）の規定による届出があつた場合において、当該犬の所在地を管轄する市町村長の求めがあるときは、環境省令で定めるところにより、当該

市町村長に環境省令で定める事項を通知しなければならない。

4　前項の規定により市町村長が通知を受けたときは、当該通知に係る届出があつた日において、当該届出をした犬の所有者から狂犬病予防法第4条第4項の規定による届出があつたものとみなす。

5　第2項の規定により狂犬病予防法第4条第2項の規定により市町村長から交付された鑑札とみなされたマイクロチップが装着されている犬の所有者は、その犬から当該マイクロチップを取り除いた場合その他の厚生労働省令で定める場合には、厚生労働省令で定めるところにより、市町村長に対し、その旨を届け出なければならない。

6　市町村長は、前項の規定による届出があつたときは、当該届出をした犬の所有者に犬の鑑札を交付しなければならない。

7　前項の場合における狂犬病予防法第4条第3項の規定の適用については、同項中「前項の鑑札」とあるのは、「動物の愛護及び管理に関する法律（昭和48年法律第105号）第39条の7第6項の鑑札」とする。

（死亡等の届出）

第39条の8　登録を受けた犬又は猫の所有者は、当該犬又は猫が死亡したときその他の環境省令で定める場合に該当するときは、環境省令で定めるところにより、遅滞なく、その旨を環境大臣に届け出なければならない。

（都道府県等の指導及び助言）

第39条の9　都道府県等は、第39条の2から前条までに規定する措置が適切になされるよう、犬又は猫の所有者に対し、必要な指導及び助言を行うように努めなければならない。

（指定登録機関の指定）

第39条の10　環境大臣は、環境省令で定めるところにより、その指定する者（以下「指定登録機関」という。）に、第39条の5から第39条の8までに規定する環境大臣の事務（以下「登録関係事務」という。）を行わせることができる。

2　指定登録機関の指定は、環境省令で定めるところにより、登録関係事務を行おうとする者の申請により行う。

3　環境大臣は、前項の申請が次の要件を満たしていると認めるときでなければ、指定登録機関の指定をしてはならない。

一　職員、設備、登録関係事務の実施の方法その他の事項についての登録関係事務の実施に関する計画が、登録関係事務の適正かつ確実な実施のために適切なものであること。

二　前号の登録関係事務の実施に関する計画の適正かつ確実な実施に必要な経理的及び技術的な基礎を有するものであること。

4　環境大臣は、第２項の申請をした者が次の各号のいずれかに該当するときは、第１項の規定による指定をしてはならない。
一　一般社団法人又は一般財団法人以外の者であること。
二　登録関係事務以外の業務により登録関係事務を公正に実施することができないおそれがあること。
三　第39条の20の規定により指定を取り消され、その取消しの日から起算して２年を経過しない者であること。
四　その役員のうちに、次のいずれかに該当する者があること。
イ　この法律に違反して、刑に処せられ、その執行を終わり、又は執行を受けることがなくなつた日から起算して２年を経過しない者
ロ　次条第２項の規定による命令により解任され、その解任の日から起算して２年を経過しない者
5　指定登録機関が２以上ある場合には、各指定登録機関は、登録関係事務の適正な実施を確保するため、相互に連携を図らなければならない。
6　指定登録機関が登録関係事務を行う場合における第39条の５第１項及び第２項の規定、同条第４項及び第６項から第８項までの規定（第39条の６第２項において準用する場合を含む。）、第39条の７第１項及び第３項の規定並びに第39条の８の規定の適用については、これらの規定中「環境大臣」とあるのは、「指定登録機関」とする。

（指定登録機関の役員の選任及び解任）

第39条の11　指定登録機関の役員の選任及び解任は、環境大臣の認可を受けなければ、その効力を生じない。
2　環境大臣は、指定登録機関の役員が、この法律（この法律に基づく命令又は処分を含む。）若しくは第39条の13第１項に規定する登録関係事務規程に違反する行為をしたとき又は登録関係事務に関し著しく不適当な行為をしたときは、指定登録機関に対し、当該役員の解任を命ずることができる。

（事業計画の認可等）

第39条の12　指定登録機関は、毎事業年度、事業計画及び収支予算を作成し、当該事業年度の開始前に（第39条の10第１項の規定による指定を受けた日の属する事業年度にあつては、その指定を受けた後遅滞なく）、環境大臣の認可を受けなければならない。これを変更しようとするときも、同様とする。
2　指定登録機関は、毎事業年度の経過後３月以内に、その事業年度の事業報告書及び収支決算書を作成し、環境大臣に提出しなければならない。

（登録関係事務規程）

第39条の13　指定登録機関は、登録関係事務の開始前に、登録関係事務の実施に関

する規程（以下「登録関係事務規程」という。）を定め、環境大臣の認可を受けなければならない。これを変更しようとするときも、同様とする。
2　登録関係事務規程で定めるべき事項は、環境省令で定める。
3　環境大臣は、第１項の認可をした登録関係事務規程が登録関係事務の適正かつ確実な実施上不適当となつたと認めるときは、指定登録機関に対し、これを変更すべきことを命ずることができる。

(秘密保持義務等)

第39条の14　指定登録機関の役員若しくは職員又はこれらの職にあつた者は、登録関係事務に関して知り得た秘密を漏らしてはならない。
2　登録関係事務に従事する指定登録機関の役員又は職員は、刑法（明治40年法律第45号）その他の罰則の適用については、法令により公務に従事する職員とみなす。

(帳簿の備付け等)

第39条の15　指定登録機関は、環境省令で定めるところにより、帳簿を備え付け、これに登録関係事務に関する事項で環境省令で定めるものを記載し、及びこれを保存しなければならない。

(監督命令)

第39条の16　環境大臣は、この法律を施行するため必要があると認めるときは、指定登録機関に対し、登録関係事務に関し監督上必要な命令をすることができる。

(報告)

第39条の17　環境大臣は、この法律を施行するため必要があると認めるときは、その必要な限度で、環境省令で定めるところにより、指定登録機関に対し、報告をさせることができる。

(立入検査)

第39条の18　環境大臣は、この法律を施行するため必要があると認めるときは、その必要な限度で、その職員に、指定登録機関の事務所に立ち入り、指定登録機関の帳簿、書類その他必要な物件を検査させ、又は関係者に質問させることができる。
2　前項の規定により立入検査をする職員は、その身分を示す証明書を携帯し、関係者に提示しなければならない。
3　第１項の規定による立入検査の権限は、犯罪捜査のために認められたものと解釈してはならない。

(登録関係事務の休廃止)

第39条の19　指定登録機関は、環境大臣の許可を受けなければ、登録関係事務の全部又は一部を休止し、又は廃止してはならない。

（指定の取消し等）

第39条の20　環境大臣は、指定登録機関が第39条の10第４項各号（第３号を除く。）のいずれかに該当するに至つたときは、その指定を取り消さなければならない。

2　環境大臣は、指定登録機関が次の各号のいずれかに該当するに至つたときは、その指定を取り消し、又は期間を定めて登録事務の全部又は一部の停止を命ずることができる。

一　第39条の10第３項各号の要件を満たさなくなつたと認められるとき。

二　第39条の11第２項、第39条の13第３項又は第39条の16の規定による命令に違反したとき。

三　第39条の12又は前条の規定に違反したとき。

四　第39条の13第１項の認可を受けた登録関係事務規程によらないで登録関係事務を行つたとき。

五　次条第１項の条件に違反したとき。

（指定等の条件）

第39条の21　第39条の10第１項、第39条の11第１項、第39条の12第１項、第39条の13第１項又は第39条の19の規定による指定、認可又は許可には、条件を付し、及びこれを変更することができる。

2　前項の条件は、当該指定、認可又は許可に係る事項の確実な実施を図るために必要な最小限度のものに限り、かつ、当該指定、認可又は許可を受ける者に不当な義務を課することとなるものであつてはならない。

（指定登録機関がした処分等に係る審査請求）

第39条の22　指定登録機関が行う登録関係事務に係る処分又はその不作為について不服がある者は、環境大臣に対し、審査請求をすることができる。この場合において、環境大臣は、行政不服審査法（平成26年法律第68号）第25条第２項及び第３項、第46条第１項及び第２項、第47条並びに第49条第３項の規定の適用については、指定登録機関の上級行政庁とみなす。

（環境大臣による登録関係事務の実施等）

第39条の23　環境大臣は、指定登録機関の指定をしたときは、登録関係事務を行わないものとする。

2　環境大臣は、指定登録機関が第39条の19の規定による許可を受けてその登録関係事務の全部若しくは一部を休止したとき、第39条の20第２項の規定により指定登録機関に対し登録関係事務の全部若しくは一部の停止を命じたとき又は指定登録機関が天災その他の事由によりその登録関係事務の全部若しくは一部を実施することが困難となつた場合において必要があると認めるときは、その登録関係事務の全部又は一部を自ら行うものとする。

3　環境大臣が前項の規定により登録関係事務の全部若しくは一部を自ら行う場合、指定登録機関が第39条の19の規定による許可を受けてその登録関係事務の全部若しくは一部を廃止する場合又は環境大臣が第39条の20の規定により指定を取り消した場合における登録関係事務の引継ぎその他の必要な事項は、環境省令で定める。

（公示）

第39条の24　環境大臣は、次の場合には、その旨を官報に公示しなければならない。

一　第39条の10第１項の規定による指定をしたとき。

二　第39条の19の規定による許可をしたとき。

三　第39条の20の規定により指定を取り消し、又は登録関係事務の全部若しくは一部の停止を命じたとき。

四　前条第２項の規定により登録関係事務の全部若しくは一部を自ら行うこととするとき又は自ら行つていた登録関係事務の全部若しくは一部を行わないこととするとき。

（手数料）

第39条の25　次に掲げる者は、実費を勘案して政令で定める額の手数料を国（指定登録機関が登録関係事務を行う場合にあつては、指定登録機関）に納めなければならない。

一　登録を受けようとする者

二　登録証明書の再交付を受けようとする者

三　変更登録を受けようとする者

2　前項の規定により指定登録機関に納められた手数料は、指定登録機関の収入とする。

（環境省令への委任）

第39条の26　この章に規定するもののほか、マイクロチップの装着、登録及び変更登録並びに指定登録機関に関し必要な事項については、環境省令で定める。

第5章　雑則

（動物を殺す場合の方法）

第40条　動物を殺さなければならない場合には、できる限りその動物に苦痛を与えない方法によつてしなければならない。

2　環境大臣は、関係行政機関の長と協議して、前項の方法に関し必要な事項を定めることができる。

3　前項の必要な事項を定めるに当たつては、第1項の方法についての国際的動向に十分配慮するよう努めなければならない。

(動物を科学上の利用に供する場合の方法、事後措置等)

第41条　動物を教育、試験研究又は生物学的製剤の製造の用その他の科学上の利用に供する場合には、科学上の利用の目的を達することができる範囲において、できる限り動物を供する方法に代わり得るものを利用すること、できる限りその利用に供される動物の数を少なくすること等により動物を適切に利用することに配慮するものとする。

2　動物を科学上の利用に供する場合には、その利用に必要な限度において、できる限りその動物に苦痛を与えない方法によつてしなければならない。

3　動物が科学上の利用に供された後において回復の見込みのない状態に陥つている場合には、その科学上の利用に供した者は、直ちに、できる限り苦痛を与えない方法によつてその動物を処分しなければならない。

4　環境大臣は、関係行政機関の長と協議して、第2項の方法及び前項の措置に関しよるべき基準を定めることができる。

(獣医師による通報)

第41条の2　獣医師は、その業務を行うに当たり、みだりに殺されたと思われる動物の死体又はみだりに傷つけられ、若しくは虐待を受けたと思われる動物を発見したときは、遅滞なく、都道府県知事その他の関係機関に通報しなければならない。

(表彰)

第41条の3　環境大臣は、動物の愛護及び適正な管理の推進に関し特に顕著な功績があると認められる者に対し、表彰を行うことができる。

(地方公共団体への情報提供等)

第41条の4　国は、動物の愛護及び管理に関する施策の適切かつ円滑な実施に資するよう、動物愛護管理担当職員の設置、動物愛護管理担当職員に対する動物の愛護及び管理に関する研修の実施、動物の愛護及び管理に関する業務を担当する地方公共団体の部局と畜産、公衆衛生又は福祉に関する業務を担当する地方公共団体の部局、都道府県警察及び民間団体との連携の強化、動物愛護推進員の委嘱及び資質の向上に資する研修の実施、地域における犬、猫等の動物の適切な管理等に関し、地方公共団体に対する情報の提供、技術的な助言その他の必要な施策を講ずるよう努めるものとする。

(地方公共団体に対する財政上の措置)

第41条の5　国は、第35条第8項に定めるもののほか、地方公共団体が動物の愛護及び適正な飼養の推進に関する施策を策定し、及び実施するための費用について、必要な財政上の措置その他の措置を講ずるよう努めるものとする。

（経過措置）

第42条　この法律の規定に基づき命令を制定し、又は改廃する場合においては、その命令で、その制定又は改廃に伴い合理的に必要と判断される範囲内において、所要の経過措置（罰則に関する経過措置を含む。）を定めることができる。

（審議会の意見の聴取）

第43条　環境大臣は、基本指針の策定、第7条第7項、第12条第1項、第21条第1項（第24条の4第1項において準用する場合を含む。）、第27条第1項第2号若しくは第41条第4項の基準の設定、第25条第1項若しくは第四項の事態の設定又は第35条第7項（第36条第3項において準用する場合を含む。）若しくは第40条第2項の定めをしようとするときは、中央環境審議会の意見を聴かなければならない。これらの基本指針、基準、事態又は定めを変更し、又は廃止しようとするときも、同様とする。

第6章　罰則

第44条　愛護動物をみだりに殺し、又は傷つけた者は、5年以下の懲役又は500万円以下の罰金に処する。

2　愛護動物に対し、みだりに、その身体に外傷が生ずるおそれのある暴行を加え、又はそのおそれのある行為をさせること、みだりに、給餌若しくは給水をやめ、酷使し、その健康及び安全を保持することが困難な場所に拘束し、又は飼養密度が著しく適正を欠いた状態で愛護動物を飼養し若しくは保管することにより衰弱させること、自己の飼養し、又は保管する愛護動物であつて疾病にかかり、又は負傷したものの適切な保護を行わないこと、排せつ物の堆積した施設又は他の愛護動物の死体が放置された施設であつて自己の管理するものにおいて飼養し、又は保管することその他の虐待を行つた者は、1年以下の懲役又は100万円以下の罰金に処する。

3　愛護動物を遺棄した者は、1年以下の懲役又は100万円以下の罰金に処する。

4　前3項において「愛護動物」とは、次の各号に掲げる動物をいう。

一　牛、馬、豚、めん羊、山羊、犬、猫、いえうさぎ、鶏、いえばと及びあひる

二　前号に掲げるものを除くほか、人が占有している動物で哺乳類、鳥類又は爬虫類に属するもの

第44条の2　第39条の14第1項の規定に違反して、登録関係事務に関して知り得た秘密を漏らした者は、1年以下の懲役又は50万円以下の罰金に処する。

第45条　次の各号のいずれかに該当する者は、6月以下の懲役又は100万円以下の罰金に処する。

一　第25条の2の規定に違反して特定動物を飼養し、又は保管した者

二　不正の手段によつて第26条第1項の許可を受けた者
三　第28条第1項の規定に違反して第26条第2項第2号から第7号までに掲げる事項を変更した者

第46条　次の各号のいずれかに該当する者は、100万円以下の罰金に処する。
一　第10条第1項の規定に違反して登録を受けないで第一種動物取扱業を営んだ者
二　不正の手段によつて第10条第1項の登録（第13条第1項の登録の更新を含む。）を受けた者
三　第19条第1項の規定による業務の停止の命令に違反した者
四　第23条第4項、第24条の2第2項又は第32条の規定による命令に違反した者

第46条の2　第25条第3項又は第4項の規定による命令に違反した者は、50万円以下の罰金に処する。

第47条　次の各号のいずれかに該当する者は、30万円以下の罰金に処する。
一　第14条第1項から第3項まで、第24条の2の2、第24条の3第1項又は第28条第3項の規定による届出をせず、又は虚偽の届出をした者
二　第22条の6の規定による命令に違反して、検案書又は死亡診断書を提出しなかつた者
三　第24条第1項（第24条の4第1項において読み替えて準用する場合を含む。）、第24条の2第3項若しくは第33条第1項の規定による報告をせず、若しくは虚偽の報告をし、又はこれらの規定による検査を拒み、妨げ、若しくは忌避した者
四　第24条の4第1項において読み替えて準用する第23条第4項の規定による命令に違反した者

第47条の2　次の各号のいずれかに該当するときは、その違反行為をした指定登録機関の役員又は職員は、30万円以下の罰金に処する。
一　第39条の15の規定に違反して、帳簿を備え付けず、帳簿に記載せず、若しくは帳簿に虚偽の記載をし、又は帳簿を保存しなかつたとき。
二　第39条の17の規定による報告をせず、又は虚偽の報告をしたとき。
三　第39条の18第1項の規定による立入り若しくは検査を拒み、妨げ、若しくは忌避し、又は同項の規定による質問に対して陳述をせず、若しくは虚偽の陳述をしたとき。
四　第39条の19の許可を受けないで登録関係事務の全部を廃止したとき。

第47条の3　第25条第5項の規定による報告をせず、若しくは虚偽の報告をし、又は同項の規定による検査を拒み、妨げ、若しくは忌避した者は、20万円以下の罰金に処する。

第48条　法人の代表者又は法人若しくは人の代理人、使用人その他の従業者が、その法人又は人の業務に関し、次の各号に掲げる規定の違反行為をしたときは、行為者を罰するほか、その法人に対して当該各号に定める罰金刑を、その人に対して各本条の罰金刑を科する。

一　第45条　5000万円以下の罰金刑

二　第44条、第46条から第47条まで又は前条　各本条の罰金刑

第49条　次の各号のいずれかに該当する者は、20万円以下の過料に処する。

一　第16条第１項（第24条の４第１項において準用する場合を含む。）、第21条の５第２項又は第24条の３第２項の規定による届出をせず、又は虚偽の届出をした者

二　第21条の５第１項（第24条の４第２項において読み替えて準用する場合を含む。）の規定に違反して、帳簿を備えず、帳簿に記載せず、若しくは虚偽の記載をし、又は帳簿を保存しなかつた者

第50条　第18条の規定による標識を掲げない者は、10万円以下の過料に処する。

附　則（令元・６・19法39）

（施行期日）

第１条　この法律は、公布の日から起算して１年を超えない範囲内において政令で定める日から施行する。ただし、次の各号に掲げる規定は、当該各号に定める日から施行する。

一　第１条中動物の愛護及び管理に関する法律第21条の改正規定、同法第23条第１項の改正規定、同法第24条の４の改正規定（「、第21条」の下に「（第３項を除く。）」を加える部分及び「又は第２項」を「又は第４項」に改める部分に限る。）及び同法附則第２項の改正規定並びに第３条の規定　公布の日から起算して２年を超えない範囲内において政令で定める日

二　第２条並びに附則第５条（第４項及び第５項を除く。）及び第10条の規定　公布の日から起算して３年を超えない範囲内において政令で定める日

（経過措置）

第２条　この法律の施行の日前に第１条の規定による改正前の動物の愛護及び管理に関する法律（以下「旧法」という。）第10条第１項の登録（旧法第13条第１項の登録の更新を含む。）の申請をした者（登録の更新にあっては、この法律の施行後に旧法第13条第３項に規定する登録の有効期間が満了する者を除く。）の当該申請に係る登録の基準については、なお従前の例による。

第３条　この法律の施行の際現に旧法第10条第１項の登録を受けている者又はこの法律の施行前にした同項の登録（旧法第13条第１項の登録の更新を含む。）の申

請に基づきこの法律の施行後に第1条の規定による改正後の動物の愛護及び管理に関する法律（以下「第1条による改正後の法」という。）第10条第1項の登録を受けた者（登録の更新にあっては、この法律の施行後に旧法第13条第3項に規定する登録の有効期間が満了する者を除く。）に対する登録の取消し又は業務の停止の命令に関しては、この法律の施行前に生じた事由については、なお従前の例による。

第4条　この法律の施行の際現に旧法第26条第1項の許可（同条第2項第3号の目的が第1条による改正後の法第26条第1項に規定する目的（以下この条において「特定目的」という。）であるものを除く。）を受けて行われている特定動物（旧法第26条第1項に規定する特定動物をいう。次項において同じ。）の飼養又は保管については、旧法第3章第5節の規定（これらの規定に係る罰則を含む。）は、この法律の施行後も、なおその効力を有する。

2　この法律の施行の際現に旧法第26条第1項の許可を受けている者は、特定目的で特定動物の飼養又は保管をする場合に限り、この法律の施行の日に第1条による改正後の法第26条第1項の許可を受けたものとみなす。

3　この法律の施行前にされた旧法第26条第2項の申請（同項第3号の目的が特定目的であるものに限る。）は、第1条による改正後の法第26条第2項の許可の申請とみなす。

第5条　附則第1条第2号に掲げる規定の施行前にマイクロチップ（第2条の規定による改正後の動物の愛護及び管理に関する法律（以下この条において「第2条による改正後の法」という。）第39条の2第1項に規定するマイクロチップをいう。次項及び附則第10条において同じ。）が装着された犬又は猫を所有している犬猫等販売業者（第2条による改正後の法第14条第3項に規定する犬猫等販売業者をいう。次項において同じ。）は、当該犬又は猫について、同号に掲げる規定の施行の日から30日を経過する日（その日までに当該犬又は猫の譲渡しをする場合にあっては、その譲渡しの日）までに、環境大臣の登録を受けなければならない。

2　附則第1条第2号に掲げる規定の施行前にマイクロチップが装着された犬又は猫の所有者（犬猫等販売業者を除く。）は、環境省令で定めるところにより、当該犬又は猫について、環境大臣の登録を受けることができる。

3　前2項の登録は、第2条による改正後の法第39条の5第1項の登録（附則第10条において単に「登録」という。）とみなす。

4　第2条による改正後の法第39条の10第1項の指定及びこれに関し必要な手続その他の行為は、附則第1条第2号に掲げる規定の施行前においても、第2条による改正後の法第39条の10第2項から第5項まで、第39条の11第1項、第39条の12

第1項、第39条の13第1項及び第2項並びに第39条の24第1号の規定の例により行うことができる。

5　前項の規定により行った行為は、附則第1条第2号に掲げる規定の施行の日において、同項に規定する規定により行われたものとみなす。

第6条　この法律の施行前にした行為に対する罰則の適用については、なお従前の例による。

第7条　附則第2条から前条までに定めるもののほか、この法律の施行に関して必要な経過措置（罰則に関する経過措置を含む。）は、政令で定める。

(検討)

第8条　国は、動物を取り扱う学校、試験研究又は生物学的製剤の製造の用その他の科学上の利用に供する動物を取り扱う者等による動物の飼養又は保管の状況を勘案し、これらの者を動物取扱業者（第一条による改正後の法第10条第1項に規定する第一種動物取扱業者及び第1条による改正後の法第24条の2に規定する第二種動物取扱業者をいう。第3項において同じ。）に追加することその他これらの者による適正な動物の飼養又は保管のための施策の在り方について検討を加え、必要があると認めるときは、その結果に基づいて所要の措置を講ずるものとする。

2　国は、両生類の販売、展示等の業務の実態等を勘案し、両生類を取り扱う事業に関する規制の在り方について検討を加え、必要があると認めるときは、その結果に基づいて所要の措置を講ずるものとする。

3　前2項に定めるもののほか、国は、動物取扱業者による動物の飼養又は保管の状況を勘案し、動物取扱業者についての規制の在り方全般について検討を加え、必要があると認めるときは、その結果に基づいて所要の措置を講ずるものとする。

第9条　国は、多数の動物の飼養又は保管が行われている場合におけるその状況を勘案し、周辺の生活環境の保全等に係る措置の在り方について検討を加え、必要があると認めるときは、その結果に基づいて所要の措置を講ずるものとする。

2　国は、愛護動物（第1条による改正後の法第44条第4項に規定する愛護動物をいう。）の範囲について検討を加え、必要があると認めるときは、その結果に基づいて所要の措置を講ずるものとする。

3　国は、動物が科学上の利用に供される場合における動物を供する方法に代わり得るものを利用すること、その利用に供される動物の数を少なくすること等による動物の適切な利用の在り方について検討を加え、必要があると認めるときは、その結果に基づいて所要の措置を講ずるものとする。

第10条　国は、マイクロチップの装着を義務付ける対象及び登録を受けることを義務付ける対象の拡大並びにマイクロチップが装着されている犬及び猫であってその所有者が判明しないものの所有権の扱いについて検討を加え、その結果に基づいて必要な措置を講ずるものとする。

第11条　前３条に定めるもののほか、政府は、この法律の施行後５年を目途として、この法律による改正後の動物の愛護及び管理に関する法律の施行の状況について検討を加え、必要があると認めるときは、その結果に基づいて所要の措置を講ずるものとする。

※　その他の動物愛護管理法関連法令については、環境省ホームページ「動物の愛護と適切な管理」〈https://www.env.go.jp/nature/dobutsu/aigo/index.html〉参照。

事項索引

《さ行》

《た行》

《な行》

《は行》

《ま行》

《や行》

《ら行》

《わ行》

執筆者・協力者一覧

〔執筆者〕

渋谷　寛（渋谷総合法律事務所）

弁護士・司法書士、ペット法学会事務局長、環境省動物の適正な飼養管理方法等に関する検討会委員、農林水産省・環境省ペットフードの安全確保に関する研究会元委員、環境省中央環境審議会動物愛護部会動物愛護管理のあり方検討小委員会元委員、農林水産省獣医事審議会元委員、ヤマザキ動物看護大学講師、月刊「いぬのきもち」「ねこのきもち」法律相談話し手。

佐藤　光子

弁護士、日本弁護士連合会公害対策環境保全委員会委員、ペット法学会会員

杉村亜紀子（リソナンティア法律事務所）

弁護士、ペット法学会理事

〔協力者〕

谷川　久仁（南台どうぶつ病院院長）

公益社団法人東京都獣医師会会員（中野支部・防災担当）

〈トラブル相談シリーズ〉
ペットのトラブル相談Q＆A〔第２版〕

令和２年３月26日　第１刷発行
令和６年２月26日　第２刷発行

著　　者　渋谷寛・佐藤光子・杉村亜紀子
発　　行　株式会社民事法研究会
印　　刷　藤原印刷株式会社

発 行 所　株式会社　民事法研究会
〒151-0073　東京都渋谷区恵比寿3-7-16
〔営業〕TEL 03(5798)7257　FAX 03(5798)7258
〔編集〕TEL 03(5798)7277　FAX 03(5798)7278
http://www.minjiho.com/　　info@minjiho.com

落丁・乱丁はおとりかえいたします。　ISBN978-4-86556-351-1

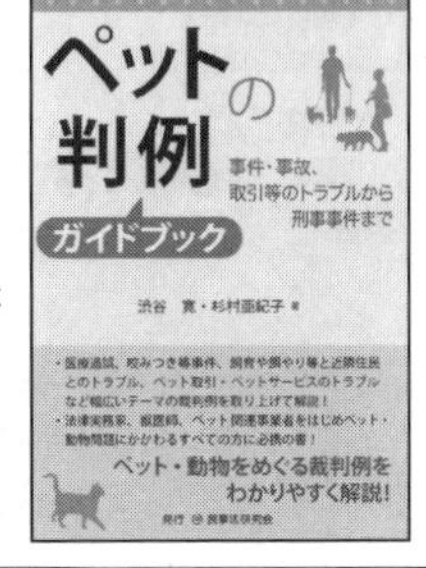

ペットの
判例
事件・事故、
取引等のトラブルから
刑事事件まで
ガイドブック
渋谷　寛・杉村亜紀子 著
ペット・動物をめぐる裁判例を
わかりやすく解説！